TRAKTOREN

TRAKTOREN

VOM HART-PARR 40 BIS ZUM FENDT 936 VARIO

garant

Bildnachweis:
TIM-Verlag, H. Jarczok

www.garant-verlag.de

Herstellung und Organisation: TIM-Verlag
Layout: TIM-Verlag
Umschlaggestaltung: TIM-Verlag

ISBN 978-3-86766-358-8

Erfahren Sie mehr!

Einleitung 7
Pferd und Ochse – Helfer des Menschen 7
Erste mechanische Hilfsmittel 7
Die ersten Dampfmaschinen in der Landwirtschaft 8
Frischer Wind aus Amerika 9
Die ersten funktionstüchtigen Verbrennungsmotoren 9

Hart-Parr 40 12
Fordson F 13
Lanz Typ HP Knicklenker 14
Hanomag WD R 28/32 15
Hart-Parr 18-36 16
Stock Kettenschlepper Raupenstock 17
Samson 1 18
Deutz MTZ 220 19
Fordson N 20
Deutz F2M 315 21
Hanomag AR 38 22
Deutz F1M 414 23
Kramer K 12 24
IHC I 12 G 25
Güldner A 20 26
Primus P 22 27
Lanz Typ HN 3 – D 7506 28
Ritscher N 20 29
IHC Farmall FG 30
Lanz Typ HR 8 – D 9506 31
Deutz F3M 417 32
Hanomag R 40 33
Hela HG 25 34
Lanz HRO 8 35
IHC Titan 10-20 ....36/37
Bührer BD 3 38
Fordson Major E 27 N 39
Fendt F 18 H 40
Ferguson TE 20 41
Hürlimann D 100 42
Steyr 180 43
Boehringer Unimog 44
Eicher ED 16 I 45
Röhr 15 R 46
Allgaier R 22 47
Fahr D 22 48
Fendt F15 49
Hela D 40 50
Hela D 47 51
Martin S 11 52
Ritscher 420 53
Sulzer S 22 W 54
VEB RS 03/30 Aktivist 55
Allgaier AP 17 56
Hanomag R 45 57
Oil Pull 58/59
Normag NG 20b Faktor II 60
Schlüter DS 15 61
Bautz AS 120 62
Fahr D 25 63
Güldner ADA 64
Hanomag R 28 65
Hela D 28 66
Ruhrstahl B 11 67
Bautz AS 122 68
Hela D 12 69
Lanz Typ HN – D 2806 70
MAN AS 440 A 71
Primus PD 3 72
Allgaier AP 22 73
Eicher ED 16 II 74
Fahr D 130 H 75
Holder Cultitrac A 10 76
MAN AS 718 A 77
Güldner ADN 78
Lindner L 20 79
Röhr 20 RE 80
Hanomag R 27 81
Fahr D 160 H 82
Fahr D 400 83
John Deere 84/85
Fendt F 24 L 86
Hanomag R 112 87
Hela D 24 88
Ritscher Multitrak 512 G 89
Schlüter AS 18 90
Schlüter AS 30 91
Bautz AS 180 92
Bungartz T 5 93

Eicher G 19 94
Güldner ALK 95
Eicher ED 22 A 96
Lanz Typ HE – D 2416 97
Lindner L-17 PS-B 98
IHC D 212 99
MAN 4 R 1 100
Ritscher 936 L Super 101
Steyr 84e 102
Hanomag R 455 ATK 103
MAN 4 S 1 104
BTG D 40 105
Deutz D 40 S 106
Fiat 411 R 107
Fordson Super Major 108
Güldner ABL 109
MAN 110/111
Hanomag R 450 112
IHC D 440 Standard 113
Kramer KL 250 114
Massey Ferguson 35 115
Warchalowski WT 20 116
Bautz 200 117
Deutz D 40.1 S 118
Eicher EM 300 Königstiger 119
Fahr D 131 W 120
Hatz Tl 13 121
IHC D 436 122
MAN 4 L 1 123
Schlüter S 15 124
Schlüter S 35 125
Eicher EM 100 Leopard 126
Fendt Farmer 2 127
Hanomag R 460 128
Hanomag C 115 Greif 129
VEB RS 14/36 Famulus 130
VEB RS 14/46 Famulus 131
MAN 4 R 3 132
MAN 4 P 1 133
Porsche Master N 419 134
Güldner G 40 135
Daimler-Benz Unimog 136/137
Hatz H 220 138
Daimler-Benz Unimog 406 139
Güldner G 50 140
John Deere 4020 141
Eicher I EM 500 Mammut 142
Ford 654 Super 4 County 143
Schlüter S 900 144
Hanomag Perfekt 401 145
Hela D 434 146
Steyr 190 S 147
Warchalowski WT 42 A 148
John Deere 1020 149
Deutz D 8005 150
Ford 5000 151
Hanomag Granit 500 152
IHC 423 153
John Deere 820 S 154
Fendt F 231 GT 155
Hanomag Brillant 601 156
Hanomag Brillant 700 S 157
Kramer Kl 600 Export 158
VEB Fortschritt ZT 300 159
Fendt 309 LSA Turbomatik 160/161
Eicher Wotan II 162
Deutz D 5006 A 163
Schlüter 1250 Super 164
Kramer 714 S Allrad 165
IHC 946 166
Deutz D 13006 A 167
Fendt Farmer 103 S 168
Schlüter Super 1500 TVL 169
Deutz D 6806 170
Schlüter Compact 850 V 171
Fendt Favorit 611 LA 172
John Deere 4230 173
Deutz-Fahr Agrotron K 100 174
Fendt 936 Vario 175

Pferd und Ochse – Helfer des Menschen

Viele Jahrtausende blieben die Bauern auf ihre eigene und die Kraft ihrer Zugtiere angewiesen. Anfangs wurden die Felder von Hand angepflanzt, gepflegt und geerntet. Schon bald kamen die ersten hölzernen und später eisernen Werkzeuge.

Ab dem ausgehenden Mittelalter wurden Anstrengungen unternommen, dem insbesondere bei der Bodenbearbeitung spürbar werdenden Zugkraftmangel entgegenzuwirken. Denn bei den Zugtieren galten Dreier- und Viererzüge als die noch vertretbare Obergrenze. In der Natur des Menschen liegt es, das Bestehende immer weiter zu verbessern. Die Verbesserung der Arbeitsbedingungen und damit Ertragssteigerungen in der Landwirtschaft waren aber aus einem noch wichtigeren Grund nicht zu umgehen. Denn sie allein hatte die Aufgabe, die zunächst langsam, dann aber immer schneller größer werdende Bevölkerung zu ernähren.

Viele Erfinder suchten hier nach Abhilfen, denn sie hatten erkannt, dass der Muskelkraft, ganz gleich ob von Mensch oder Tier, Grenzen gesetzt waren. Damals aber waren die technischen Voraussetzungen nicht vorhanden, weder Dampfkraft noch Verbrennungsmotor war erfunden. So blieb nur der Versuch übrig, eine erhöhte Menge an Muskelkraft in die Waagschale zu werfen. Der Regensburger Peter Opel gehörte zu jenen Theoretikern. Er entwarf gegen Ende des 16. Jahrhunderts ein riesiges Pflugmonstrum, für dessen Betrieb er nicht weniger als 92 Zugpferde vorgesehen hatte. Zu einer Probe aufs Exempel ist es, aus welchen Gründen auch immer, nie gekommen. Selbst wenn man einer Realisierung nähergekommen wäre, die gewaltigen Probleme, diese Herde im Zaum zu halten, wären auch von den vorgesehenen 26 Helfern kaum bewältigt worden. Es stand also außer Frage, dass die Zugkraft durch Tiere auf dem Acker eines Tages durch einen mechanischen Antrieb ersetzt werden müsste.

Erste mechanische Hilfsmittel

Der Mensch hat sich seit Jahrtausenden die Naturkräfte in ihrer Urform nutzbar gemacht. Neben der Anwendung von Muskelkraft durch Mensch und Tier in Tret- und Laufrädern sowie an

Kurbel und Winde wurden die Energien von Wasser und Wind für den Antrieb von Wasserrädern und Windmühlen eingesetzt. Bereits der Grieche Archimedes erkannte die Arbeitskraft des expandierenden Dampfes. Auf das 1. Jahrhundert n. Chr. gehen die Versuche eines griechischen Mathematikers und Erfinders zurück, eine primitive Form der Dampfmaschine zu entwickeln. Seit dieser Zeit versuchten viele Erfinder, darunter auch der bekannte Leonardo da Vinci, die Entwicklung zu einer Kraftmaschine voranzutreiben.

Die ersten Dampfmaschinen in der Landwirtschaft

In diesem Zusammenhang soll uns aber weniger die weitere Entwicklung von Dampfschienenfahrzeugen interessieren. Werfen wir einen Blick auf die technischen Fortschritte in der Landwirtschaft. Bereits 1701 hatte Jethro Tull eine Drillmaschine entwickelt, mit der Samen in Reihen ausgebracht werden konnte. Es folgten Walzen, Eggen und ein Hackenpflug, der gleichfalls von Pferden gezogen wurde. Andrew Meikle, ein schottischer Müller, entwickelte im Jahr 1786 seine erste, als drehbare Trommel konstruierte Dreschmaschine, die Hülsen und Korn voneinander trennte. Die vielfach auf die Wintermonate verlagerte Arbeit des Flegeldrusches, um die Spreu vom Weizen zu trennen, war überaus mühselig und anstrengend. Diese neue, in der Regel von vier im Kreis laufenden Pferden angetriebene Maschine konnte dies viel leichter bewerkstelligen. Dabei drehten die Pferde eine mit der Trommel verbundene Welle. Aber die Futterkosten für die Tiere trieben die an sich schon hohen Beschaffungskosten für das Gerät selbst derart in die Höhe, dass es für einen Durchschnittsbauern unerschwinglich blieb.

Das ganze 19. Jahrhundert war ein Zeitalter neuer Erfindungen in allen technischen Bereichen, bei denen zunächst England die Führung übernahm. Diese Fortschritte sollten auch die Landwirtschaft nachhaltig verändern.

Bereits 1811 wurden erstmals in England bewegliche Lokomobile eingesetzt. Die Bezeichnung Lokomobil kam aus der Zusammenfügung der beiden lateinischen Begriffe mobilis = beweglich und locus = Ort. Diese Maschinen wurden zum Antrieb von Strohpressen, Getreidemühlen, Dreschmaschinen und anderen landwirtschaftlichen Arbeitsgeräten eingesetzt. Die auf vier Rädern laufenden Dampfmaschinen besaßen keinen eigenen Antrieb, sondern mussten von Pferden auf die Güter gezogen werden, um dort die landwirtschaftlichen Maschinen anzutreiben.

In England war es vor allem der bekannte Eisenbahnpionier Richard Trevithick (1771–1833) aus Cornwall, der sich konsequent mit der Dampfkraft beschäftigte und sie auf Bauernhöfen

einzuführen versuchte. 1802 konstruierte er mit seinem Vetter Vivian eine fahrbare Dampfmaschine, die zum Vorbild für alle später in der Landwirtschaft verwendeten Lokomobile wurde. Als er im Jahr 1812 für einen Adligen in Cornwall ein dampfbetriebenes Lokomobil zum Antrieb von Dreschmaschinen in Betrieb nahm, brachte er klugerweise drei unabhängige Beobachter mit, die diese Versuche dokumentieren sollten. Ihr bewundernswert präziser Bericht klang sehr ermutigend: „Vom Zeitpunkt an, als die Mühle zu arbeiten begann, wurden innerhalb von vierdreiviertel Stunden 1500 Garben Gerste sauber gedroschen und ein Scheffel Kohle wurde dafür verbraucht. Wir glaubten, im Kessel sei noch genug Dampf, um weitere 50 bis 100 Garben Gerste zu dreschen und das Wasser im Kessel war noch lange nicht verbraucht. Wir hatten die Genugtuung zu beobachten, dass ein gewöhnlicher Arbeiter die Dreschmühle kontrollierte und sie in wenigen Augenblicken schneller oder langsamer arbeiten oder sogar ihre Arbeit ganz einstellen ließ. Wir bestätigen die Stetigkeit und Geschwindigkeit, mit der die Maschine arbeitet. Daher wird in jeder Hinsicht die Kraft des Dampfes der des Pferdes vorzuziehen sein."

Damit hatte das Dampflokomobil seine Verwendbarkeit in der Landwirtschaft unter Beweis gestellt und die Voraussetzung für die Mechanisierung der Landwirtschaft, zumindest aber der Großbetriebe, gegeben.

Frischer Wind aus Amerika

Von den experimentier- und innovationsfreudigen Amerikanern wurden schon bald eigenständige Beiträge in Sachen Landwirtschaftsmechanisierung geleistet. Wesentlich begünstigt wurde diese Entwicklung durch die dort vorherrschenden weiten Flächen, die zu einer maschinellen Bearbeitung geradezu einluden. In Amerika vollzog sich in der ersten Hälfte des 19. Jahrhunderts der große Aufbruch nach Westen. Durch den Ausbau des Verkehrsnetzes und des Schienenweges – wiederum mithilfe der Dampfkraft – wurde dies sehr begünstigt. Da Menschen und Tiere als Arbeitskräfte bei Weitem nicht in dem erforderlichen Umfang vorhanden waren, wurde der Ruf nicht nur nach mobilen Dampfmaschinen unüberhörbar. Findige Fabrikanten sahen hier – von englischen Fabrikaten beeinflusst – ihre Chance und boten diese Maschinen zu jener Zeit in unterschiedlichen Größen an.

Zusätzliche Hilfe erhielten die Feldarbeiter durch neu entwickelte Landmaschinen, die die Arbeit der Farmer spürbar erleichtern sollten. In dieser Epoche brachte Amerika einige sehr

bedeutsame Erfinder hervor, deren grundlegende Pionierarbeiten in diesem Bereich selbst bis in unsere Tage Gültigkeit haben. Cyrus Hall McCormick (1809–1884) beispielsweise hatte sich schon früh für die Mechanisierung der Landwirtschaft engagiert. 1831 stellte er eine Mähmaschine vor. Dieses in Massen hergestellte Gerät sollte die Getreideernte nachhaltig revolutionieren, denn es schaffte mehr als die dreifache Arbeitsleistung selbst des besten Landarbeiters mit der Sense.

Ein weiterer Pionier der Landtechnik war der erfolgreiche Schmied John Deere (1804–1886), der angesichts des klebrigen und schweren Präriebodens einen selbstreinigenden Stahlpflug konstruierte.

Der Dritte im Bunde war Jerome Increase Case (1819–1891), den es ebenfalls westwärts zog und der im Jahr 1842 in Racine im Staat Wisconsin einen kleinen Fabrikationsbetrieb gründete. Dort begann er eine von ihm entwickelte Dampfmaschine zu produzieren, die das Korn nicht nur dreschen, sondern auch reinigen konnte.

Die ersten funktionsfähigen Verbrennungsmotoren

Insgesamt gesehen war die Verwendung von Dampfmaschinen für die Feldarbeit sehr aufwendig und teuer, sodass sie nur von Großbetrieben eingesetzt werden konnten. Der mit dem Einsatz von Dampfpfluglokomobilen auf dem Lande verbundene Fortschritt war zwar unübersehbar, er blieb allein schon aus Kostengründen fast ausschließlich auf Großbetriebe beschränkt.

Die Grundlage der weiteren Entwicklung war die Entdeckung

des Leuchtgases, eines bei der Destillation von Kohle entstehenden Brenngases, mit dem bereits zu Beginn des 19. Jahrhunderts der in Köln ansässige Kaufmann Nikolaus August Otto (1832–1891) experimentierte, Die Verbesserung dieser Maschine ließ ihn seitdem nicht mehr los. Im Jahr 1875 gelang es ihm, den weltersten nach dem Viertaktverfahren arbeitenden funktionsfähigen Verbrennungsmotor zu entwickeln, den er patentieren ließ. Er war ein liegender Einzylindermotor, der ein Gasgemisch verbrannte und dabei bei 180 U/min 3 PS entwickeln konnte. Er erwies sich als sehr solide, sodass seine Serienfertigung in der Gasmotorenfabrik Deutz AG aufgenommen werden konnte. Erst 1884 gelang ihm die Verwendung auch flüssiger Brennstoffe für das explosive Gemisch seines nach ihm benannten Ottomotors. Nahezu zeitgleich baute Gottlieb Daimler Viertakt-Benzinmotoren. 1890 wurde von den Engländern Hornsby und Akroyd der Zweitakt-Glühkopfmotor entwickelt, der den Vorteil besaß, dass er mit billigen Schwerölen betrieben werden konnte. Zum Abschluss darf Rudolf Diesel nicht vergessen werden, der 1897 den nach ihm benannten, heute in allen Traktoren verwendeten Dieselmotor entwickelte. Damit war ein von der Gasversorgung unabhängiger Motor entstanden, der daneben noch weitere entscheidende Vorzüge wie geringen Verbrauch und ständige Betriebsbereitschaft besaß. Da das Gewicht der Motoren als Fahrzeugantrieb anfangs noch viel zu hoch war, bewährten sich diese Flüssigkeitsmotoren überwiegend im stationären Einsatz. Bis zum ersten mobilen Einsatz eines Verbrennungsmotors in der deutschen Landwirtschaft mussten noch Jahre vergehen.

INTERNATIONALE TRAKTOREN

VOM HART-PARR 40 BIS ZUM FENDT 936 VARIO

1912

Die Firma Hart-Parr aus Iowa, USA, hatte sich einen sehr guten Ruf als Hersteller großer Traktoren erworben. Obwohl Hart-Parr im Jahr 1912 seine Führungsposition in den nordamerikanischen Verkaufsstatistiken an International Harvester verloren hatte, war er aber immer noch einer der bedeutendsten Hersteller mit einer großen Anzahl an Modellen.
Das neue Modell 40 mit einer Nennleistung 20-30 führte die Schwergewichtstradition fort. Das Modell hatte die für Hart-Parr übliche ölgekühlte Konstruktion mit einem großen, rechteckigen Kühlturm vorne auf dem Traktor. Ebenso typisch für Hart-Parr war das Wellblechdach über Motor und Fahrersitz.

Dreirad

Untypisch für Hart-Parr war die Dreiradausführung mit dem einzelnen Vorderrad. Die meisten Vorgängermodelle basierten auf der traditionellen Vierradkonstruktion. Eine Dreiradkonstruktion kann vor allem beim Reihenanbau sehr von Vorteil sein. Da die Nachteile bei der Dreiradausführung überwogen, gab es auch die Ausführung mit vier Rädern. Die Kraftübertragung fand durch Kettenrad und Ritzel auf die Hinterachse statt.

Hart-Parr 40

Hersteller:	**Hart-Parr Co., Charles City, Iowa, USA**
Ausführung:	**Hart-Parr 40**
Gesamtserie:	**3798 Stück**
Technische Daten:	
Erstes Baujahr:	*1912*
Bauweise:	*Rahmenbauweise*
Motorart:	*2-Zylinder mit Ölkühlung*
Höchstgeschwindigkeit:	*6,4 km/h*
Betriebsstoff:	*Kerosin*
Kühlsystem:	*Flüssigkeitskühlung*
Leistung:	*29,6 kW (40 PS)*
Drehzahl:	*300 U/min*
Getriebe:	*Zweiganggetriebe*
Hubraum:	*38.600 ccm*
Gewicht:	*keine Angabe*
Antrieb:	*auf die Hinterachse*

Fordson F

Hersteller:	**Henry Ford & Son, Rouge Plant Dearborn, Michigan, USA**
Ausführung:	**Fordson F**
Gesamtserie:	**755.278 Stück**
Technische Daten:	
Erstes Baujahr:	*1917*
Bauweise:	*rahmenlose Blockbauweise*
Motorart:	*4-Zylinder/4-Takt*
Höchstgeschwindigkeit:	*10,9 km/h*
Betriebsstoff:	*Benzin*
Kühlsystem:	*Wasserumlaufkühlung*
Leistung:	*14,7 kW (20 PS)*
Drehzahl:	*1000 U/min*
Getriebe:	*Dreiganggetriebe*
Hubraum:	*3916 ccm*
Gewicht:	*1230 kg*
Antrieb:	*auf die Hinterachse*

Im Jahr 1915 gründete Henry Ford seine eigene Firma in Dearborn, Michigan, die den Namen Henry Ford & Son trug. Aber bereits 1905 entstand der erste Experimentaltraktor mit bereits vorhandenen Teilen wie Motor, Getriebe, Vorderachse und Steuerrad von einem Ford Personenkraftwagen Modell B, während die Hinterräder von einem Bindemäher stammten.

Blockbauschlepper

Das fortschrittlichste Konstruktionsmerkmal war, dass Motor und Differenzial einen gekapselten, starren Block bildeten, wodurch ein Rahmen überflüssig wurde. Der Fordson F war somit der erste in Großserie gebaute Blockbauschlepper der Welt und damit der Vorläufer aller heutigen Standardschlepper. Die Leistung lieferte ein Vierzylindermotor mit einem Wasserbad-Luftfilter.

Die enormen Produktionszahlen wurden noch übertroffen durch große Bestellungen aus Russland. Um die Mechanisierung der Landwirtschftsbetriebe voranzutreiben, bestellten die Russen mehr als 26.000 Fordsons und bauten weiterhin eine nicht bekannte Anzahl in Lizenz. Der Listenpreis eines Fordson F betrug 1918 in Amerika 750 $, ab 1922 aber nur noch 395 $.

1923

Die Mannheimer Firma Heinrich Lanz gehört zu den großen Vorreitern der Landmaschinen- und Traktorenindustrie. Als Heinrich Lanz am 1. Februar 1905 im Alter von 66 Jahren stirbt, hinterlässt er ein gut florierendes Unternehmen mit circa 3000 Mitarbeitern.

Erster Rohölschlepper

Als erster Rohölschlepper bewährte sich zwar der HL-12-PS-Lanz als Stationärmotor und als Selbstfahrer, für die Ackerarbeit war er aber nicht zu gebrauchen. Deshalb begann man schon kurz nach seiner Auslieferung den für die Ackerarbeiten besser geeigneten Bulldog Typ HP zu entwickeln. Diese allradgetiebene Ackermaschine, die vorne größere und hinten kleinere mit Greifern bestückte Eisenräder besaß, war eine sonderbare Konstruktion. Seinen Namen „Knicklenker" erhielt er aufgrund der Tatsache, dass der vordere und hintere Teil des Schleppers durch ein Scharniergelenk verbunden war. Durch diese Bauart war der HP sehr wendig. Für Zugarbeiten auf schweren Böden und zum Pflügen eignete sich dieser Schlepper aufgrund seines permanenten Vierradantriebs hervorragend. Sein Preis von 7140 Reichsmark war zur damaligen Zeit relativ hoch

Lanz Typ HP Knicklenker

Hersteller:	**Heinrich Lang AG Mannheim**
Ausführung:	**Typ HP Knicklenker**
Gesamtserie:	**723 Stück**
Technische Daten:	
Erstes Baujahr:	*1923*
Bauweise:	*Profilrahmen*
Motorart:	*1-Zylinder/2-Takt*
Höchstgeschwindigkeit:	*4,3 km/h*
Betriebsstoff:	*Diesel*
Kühlsystem:	*Wasserverdampfungskühlung*
Leistung:	*8,8 kW (12 PS)*
Drehzahl:	*420 U/min*
Getriebe:	*keines, Motorumsteuerung*
Hubraum:	*6220 ccm*
Gewicht:	*1960 kg*
Antrieb:	*Allradantrieb*

Hanomag WD R 28/32

Hersteller:	**Hannoversche Maschinenbau AG, Hannover**
Ausführung:	**Hanomag WD R 28/32**
Gesamtserie:	**180 Stück**
Technische Daten:	
Erstes Baujahr:	*1926*
Bauweise:	*rahmenlose Blockbauweise*
Motorart:	*4-Zylinder/4 Takt*
Höchstgeschwindigkeit:	*8 km/h*
Betriebsstoff:	*Benzin*
Kühlsystem:	*Wasserumlaufkühlung*
Leistung:	*20,5/23,5 kW (28/32 PS)*
Drehzahl:	*1100 U/min*
Getriebe:	*Dreiganggetriebe*
Hubraum:	*4252 ccm*
Gewicht:	*2100 kg*
Antrieb:	*auf die Hinterachse*

Nachdem Hanomag am R 26 einige technische Verbesserungen an Kolben und Kurbelwelle vorgenommen hatte, konnte ab 1927 die Ausführung R 28/32 ausgeliefert werden.

Eisenbereifung

Der Hanomag WD-Radschlepper war ein universell einsetzbarer Schlepper sowohl für Ackerarbeiten als auch als Zugmaschine auf der Straße. Die Ackerausführung war mit Eisenbereifung mit Winkelgreifern an den Hinterrädern ausgestattet. Für Straßenzwecke wurden die WD-Radschlepper mit gummibereiften Vollscheibenrädern und einer Anhängerkupplung, später auch mit Hochdruckreifen ausgerüstet.

Durch die Ausrüstung mit einer seitlichen Riemenscheibe konnte man den R 28/32 auch als Stationärmotor, beispielsweise für Sägen, Mischmaschinen, Dreschkästen oder Steinbrecher verwenden. So gab es als Sonderzubehör gegen Aufpreis eine Seilwinde, eine elektrische Beleuchtung, ein Wetterverdeck und Radverbreiterungen für Moorböden sowie auf die Hinterachse aufsteckbare Anbauraupen. Er war mit einem Preis von 4800 Reichsmark immer noch um rund 1000 Reichsmark teurer als der vergleichbare Fordson-Schlepper.

In den 1920er-Jahren begann für die Ingenieure von Hart-Parr eine hektische Zeit. Unter zunehmendem Wettbewerbsdruck entwickelten sie eine sich ständig verändernde und erweiternde Produktpalette.

Zu diesen neuen Traktoren gehörte auch der 18-36, der erstmals 1926 vorgestellt und nur zwei Jahre später als verbesserte Version H neu auf den Markt gebracht wurde. Hart-Parr brauchte in den 1920er-Jahren dringend einen Verkaufserfolg. Doch das neue, 1926 eingeführte Modell 18-36 erfüllte die Absatzerwartungen nicht.

Zweigangtraktor

In den 18-36 baute Hart-Parr den üblichen Zweizylinder-Horizontalmotor mit zwei Gängen ein. Der 18-36 erreichte eine Höchstgeschwindigkeit von 4,8 Stundenkilometer, was für die damalige Zeit noch durchaus üblich war. Als maximale Leistung wurden bei einem Test in Nebraska 42,85 PS (31,9 kW) ermittelt, das war um einiges mehr als die vom Hersteller genannten 36 PS (23,8 kW). Mit 2838 Kilogramm war der 18-36 nicht als Leichtgewicht zu bezeichnen. Er blieb bis nach der Fusion mit der Firma Oliver im Jahr 1929 in der Hart-Parr-Produktpalette.

Hart-Parr 18-36

Hersteller:	**Hart-Parr Co., Charles City, Iowa, USA**
Ausführung:	**Hart-Parr**
Gesamtserie:	**keine Angabe**

Technische Daten:

Erstes Baujahr:	*1926*
Bauweise:	*Rahmenbauweise*
Motorart:	*2-Zylinder/Horizontalmotor*
Höchstgeschwindigkeit:	*4,8 km/h*
Betriebsstoff:	*Gasolin*
Kühlsystem:	*Wasserkühlung*
Leistung:	*23,8 kW (36 PS)*
Drehzahl:	*800 U/min*
Getriebe:	*Zweiganggetriebe*
Hubraum:	*8200 ccm*
Gewicht:	*2838 kg*
Antrieb:	*Hinterradantrieb*

Kettenschlepper Raupenstock

Hersteller:	**R. Stock und Co. AG, Berlin-Niederschönweide**
Ausführung:	**Kettenschlepper Raupenstock**
Gesamtserie:	**4000 Stück**

Technische Daten:

Erstes Baujahr:	*1927*
Bauweise:	*rahmenlose Blockbauweise*
Motorart:	*2-Zylinder/4-Takt*
Höchstgeschwindigkeit:	*9,5 km/h*
Betriebsstoff:	*Benzin*
Kühlsystem:	*Wasserumlaufkühlung*
Leistung:	*20,5 kW (28 PS)*
Drehzahl:	*1000 U/min*
Getriebe:	*Dreiganggetriebe*
Hubraum:	*3167 ccm*
Gewicht:	*2200 kg*
Antrieb:	*Kettenantrieb*

Robert Stock war einer der bedeutendsten Pioniere der Landwirtschaftsmotorisierung. Der Fabrikant und Gutsbesitzer konstruierte zusammen mit dem Ingenieur Karl Gleiche 1907 den ersten Motortragpflug in Deutschland.

Kettenschlepper

Der Raupenstock war ein kleiner, sehr vielseitig verwendbarer Kettenschlepper, der durch seine schmale Bauweise beispielsweise auf wenig ertragreichen Böden, aber auch für Wein- und Obstkulturen eingesetzt werden konnte. Im ersten Gang vermochte dieser kleine Schlepper sogar eine Zughakenkraft von 1600 Kilogramm zu entwickeln. Da er eine Riemenscheibe hatte, konnte man auch stationäre Maschinen mit ihm antreiben. Die Nachfrage aus dem Ausland war groß, sodass viele Exemplare exportiert wurden. Besonders gefragt war dieser Schlepper in der Sowjetunion sowie in der damals noch französischen Kolonie Algerien, wo diese kleine und handliche Maschine gerne in den ausgedehnten Weinbaugebieten eingesetzt wurde. Er eignete sich auch für den Einsatz in italienischen Reisanbaugebieten, da der Raupenstock dank seiner Kettenverbreiterungen aus Holz den Bodendruck reduzierte.

Die Umstellung vom Pferdebetrieb zum Schlepper schreitet unaufhaltsam voran. Die hohen Pferdepreise und die Notwendigkeit, die Erzeugerkosten zu senken, zwingen die Landwirtschaft, in den 1920er-Jahren zur billigen und schnelleren Maschinenarbeit überzugehen.

Verschiedene Typen

Der Samson-1-Mähschlepper wurde noch nicht in Serie gebaut, deshalb gab es erhebliche Unterschiede bei gleicher Typenbezeichnung. So wurde der Samson 1 auch mit drei verschiedenen Motoren angeboten. Es gab den Jlo-P2/332-Motor mit 12 PS, von dem nur zwei Schlepper gebaut wurden, den DKW-ZW-600-Motor mit 14 PS mit fünf gebauten Schleppern und nur einen mit Reform-Motorisierung Leipzig mit 15 PS.

Das Getriebe war aus eigener Produktion und wesentlich schwerer als bei vielen Lastwagen aus dieser Zeit. Bei allen Samson-Maschinen wurde ein Mähwerk mit Rutschkupplung eingebaut. Während der Bauzeit wurde auch eine Luftbereifung für beide Achsen angeboten, aber laut Auslieferungslisten wurden meistens einfache Eisenräder mit armierten Gummistollen an der Hinterachse bestellt und ausgeliefert.

Samson 1

Hersteller:	**Hermann Lanz, Aulendorf**
Ausführung:	**Samson 1**
Gesamtserie:	**8 Stück**
Technische Daten:	
Erstes Baujahr:	*1929*
Bauweise:	*Rahmenbauweise*
Motorart:	*2-Zylinder/2-Takt*
Höchstgeschwindigkeit:	*4,8 km/h*
Betriebsstoff:	*Benzin*
Kühlsystem:	*Wasser- und Luft kühlung*
Leistung:	*8,83/10,3/11,3 kW (12/14/15 PS)*
Drehzahl:	*3000 U/min*
Getriebe:	*Dreiganggetriebe*
Hubraum:	*670/585 ccm*
Gewicht:	*2838 kg*
Antrieb:	*keine Angabe*

1932

Deutz MTZ 220

Hersteller:	**Klöckner-Humbolt-Deutz AG, Köln-Deutz**
Ausführung:	**Deutz MTZ 220**
Gesamtserie:	**333 Stück**

Technische Daten:

Erstes Baujahr:	*1932*
Bauweise:	*Rahmenbauweise*
Motorart:	*2-Zylinder/4-Takt*
Höchstgeschwindigkeit:	*17,5 km/h*
Betriebsstoff:	*Diesel*
Kühlsystem:	*Wasserumlaufkühlung*
Leistung:	*22 kW (30 PS)*
Drehzahl:	*850 U/min*
Getriebe:	*Dreiganggetriebe*
Hubraum:	*5722 ccm*
Gewicht:	*3400 kg*
Antrieb:	*Hinterradantrieb*

Die Anfänge des traditionsreichen Motoren- und Traktorenherstellers Deutz gehen zurück bis ins Jahr 1864, als Nikolaus August Otto mit Eugen Langen im Kölner Stadtteil Deutz eine Motorenfabrik gründete. Mitbegründer Otto hatte im Jahr 1876 den ersten funktionsfähigen Viertakt-Verbrennungsmotor entwickelt.

Ackertaugliche Zugmaschine

Mit dem 1932 entwickelten Modell MTZ 220 wurde man den Anforderungen der Landwirtschaft besser gerecht. Man verwendete hier einen bereits vorhandenen Stationärmotor, der auf einen stark dimensionierten Stahlblechträgerrahmen mit eingenieteten Querträgern gesetzt wurde.

Der Deutz-Dieselschlepper MTZ 220 wurde auf Wunsch bereits mit dem patentierten Schwungkraftanlasser anstelle der sonst üblichen Anlasserkurbelvorrichtung geliefert. Beim Schwungkraftanlasser wurde die Drehung des Schwungrads über Kurbel und Rollen initiiert. Die Kraft des Motors wurde mithilfe einer Duplex-Rollenkette auf das Getriebe übertragen. Der Traktor besaß ein im eigenen Werk entwickeltes Dreiganggetriebe mit Rückwärtsgang und Differenzialsperre.

1933

1929 wurde die Produktion der Fordson-Traktoren nach Cork in Irland und 1933 nach Dagenham in Großbritannien verlegt. Der Fordson N war kein wirklich neuer Schlepper, denn seine Konstruktion ging noch immer auf das Modell Fordson F zurück. Der verbesserte Traktor hatte aber trotz seines Konstruktionsalters aus dem Jahr 1917 nichts von seiner Popularität besonders in Großbritannien eingebüßt. Auch ein ehemals technischer Vorsprung seiner Mitbewerber gehörte der Vergangenheit an.

Laufende Verbesserungen

Im Februar 1933 lief der erste in Dagenham gefertigte Fordson N vom Band. Die auffälligsten Veränderungen waren der umgestaltete Kühler, an dessen beiden Seiten sich der vertikale Schriftzug „Fordson“ befand. Der bald darauf beginnende Krieg bescherte dem unkomplizierten Fordson N eine unvorhergesehene Blütezeit. Nicht nur auf dem Acker, sondern auch als Zugmaschine für das Militär – überall wurde der Fordson gebraucht. Bis Kriegsende liefen nochmals 137.483 Fahrzeuge vom Band. Das waren 95 Prozent aller in England hergestellten Traktoren. Eine genaue Gesamtzahl ist nicht überliefert. Im Sommer 1945 kam dann das Produktionsende für den Fordson N.

Fordson N

Hersteller:	**Henry Ford & Son, Dagenham Großbritannien**
Ausführung:	**Fordson N**
Gesamtserie:	**keine Angabe**
Technische Daten:	
Erstes Baujahr:	*1933*
Bauweise:	*rahmenlose Blockbauweise*
Motorart:	*4-Zylinder/4-Takt*
Höchstgeschwindigkeit:	*15 km/h*
Betriebsstoff:	*Benzin oder Kerosin*
Kühlsystem:	*Wasserumlaufkühlung*
Leistung:	*21,3 kW (29 PS)*
Drehzahl:	*1100 U/min*
Getriebe:	*Dreiganggetriebe*
Hubraum:	*3916 ccm*
Gewicht:	*1636 kg*
Antrieb:	*Hinterradantrieb*

1934

Deutz F2M 315

Hersteller:	**Klöckner-Humbolt-Deutz AG, Köln-Deutz**
Ausführung:	**Deutz F2M 315**
Gesamtserie:	**11.888 Stück**

Technische Daten:

Erstes Baujahr:	*1934*
Bauweise:	*rahmenlose Blockbauweise*
Motorart:	*2-Zylinder/4-Takt*
Höchstgeschwindigkeit:	*6,3 km/h*
Betriebsstoff:	*Diesel*
Kühlsystem:	*Wasserumlaufkühlung*
Leistung:	*20,5 kW (28 PS)*
Drehzahl:	*1200 U/min*
Getriebe:	*Dreiganggetriebe*
Hubraum:	*3400 ccm*
Gewicht:	*2750 kg*
Antrieb:	*Hinterradantrieb*

Ein wichtiger Meilenstein in der Geschichte des Schlepperbaus bei den Deutz-Werken in Köln war das Jahr 1934. In diesem Jahr wurde mit dem F2M 315 das erste Modell einer überaus fortschrittlichen und erfolgreichen Schlepperbaureihe geboren. Die wichtigsten Merkmale dieser Reihe waren eine Blockkonstruktion in Verbindung mit einem wassergekühlten Dieselmotor. Dieses Prinzip ersetzte die nicht mehr auf dem neuesten Stand befindliche Baureihe MTZ.

Beachtliche Verkaufszahlen

Der F2M 315 verkaufte sich von Anfang an hervorragend und erreichte während seiner achtjährigen Produktionsdauer eine beachtliche Stückzahl von 11.888 Einheiten. Er war zu seiner Zeit ein sehr wirtschaftlicher, zuverlässiger und robuster Schlepper, der nicht nur für die Acker- und Feldarbeit, sondern auch für Straßentransporte eingesetzt werden konnte. Gerade dieser Bereich wurde für die Schlepper von zunehmender Bedeutung. Denn die sogenannten Straßen- und Verkehrsschlepper erledigten bis in die 1950er-Jahre einen wesentlichen Teil des innerstädtischen Güternahverkehrs oder waren auch häufig auf Baustellen anzutreffen.

Der Hanomag AR 38 war ein zugstarker Traktor, der aufgrund seiner Getriebeübersetzung und der Eisenbereifung fast ausschließlich bei der Feldarbeit Verwendung fand. Der eisenbereifte Ackerschlepper entwickelte seine größte Zugkraft von 1950 Kilogramm im ersten Gang. Die Zugkraft des ackerluftbereiften Schleppers betrug dagegen 1790 Kilogramm bei einer maximalen Zugleistung von 30 Tonnen auf ebenem Untergrund.

Sehr verbreiteter Traktor

Mit diesen detailverbesserten Traktoren der Baureihe AR 38 setzte die Hanomag den Bau der bewährten schweren Radschlepper mit dem wirtschaftlichen Dieselantrieb fort. Gegenüber Vergaserkraftstoffen ergab die Verwendung der wesentlich billigeren Roh- und Dieselöle eine Kosteneinsparung von etwa 75 Prozent, gegenüber Petroleum von 50 Prozent. Als Faustregel galt beim Hanomag-Dieselschlepper ein Brennstoffverbrauch von 200 Gramm je PS/Stunde.

Diese Traktoren waren nahezu unverwüstlich und solide verarbeitet. Damals konnten sich allerdings fast ausschließlich große landwirtschaftliche Betriebe und Güter diese robusten Fahrzeuge leisten.

Hanomag AR 38

Hersteller:	**Hannoversche Maschinenbau AG, Hannover**
Ausführung:	**Hanomag AR 38**
Gesamtserie:	**910 Stück**
Technische Daten:	
Erstes Baujahr:	*1936*
Bauweise:	*rahmenlose Blockbauweise*
Motorart:	*4-Zylinder/4-Takt*
Höchstgeschwindigkeit:	*13,7 km/h*
Betriebsstoff:	*Diesel*
Kühlsystem:	*Umlaufkühlung mit Wasserpumpe*
Leistung:	*27,8 kW (38 PS)*
Drehzahl:	*1100 U/min*
Getriebe:	*Dreiganggetriebe*
Hubraum:	*5195 ccm*
Gewicht:	*3200 kg*
Antrieb:	*Hinterradantrieb*

1936

Deutz F1M 414

Hersteller:	**Klöckner-Humbolt-Deutz AG, Köln-Deutz**
Ausführung:	**Deutz F1M 414**
Gesamtserie:	**10.340 Stück**
Technische Daten:	
Erstes Baujahr:	*1936*
Bauweise:	*rahmenlose Blockbauweise*
Motorart:	*1-Zylinder/4-Takt*
Höchstgeschwindigkeit:	*27 km/h*
Betriebsstoff:	*Diesel*
Kühlsystem:	*Wasserumlaufkühlung*
Leistung:	*8,09 kW (11 PS)*
Drehzahl:	*1550 U/min*
Getriebe:	*Dreiganggetriebe*
Hubraum:	*1100 ccm*
Gewicht:	*1080 kg*
Antrieb:	*Hinterradantrieb*

Unter den Schlepperfreunden ist der kleine 11er-Deutz ein Begriff und er wurde schon zu seinen Lebzeiten zur Legende. Auch heute ist dieser beliebte Traktor überall mehr oder weniger restauriert zu sehen. Die Deutz-Werke konnten als erste Hersteller im Jahr 1936 auf die Forderung nach geeigneten Kleinschleppern für die Landwirtschaft reagieren.

Ein Universalfahrzeug

Der Traktor F1M 414 war genau das Fahrzeug, auf das viele kleine Landwirte gewartet hatten. Als Universalschlepper war er vielseitig verwendbar, robust, zugstark, langlebig, einfach zu bedienen und dazu noch preisgünstig. Im Jahr 1937 kostete das Modell in der einfachsten Ausführung 3323 Reichsmark. Er konnte vier Pferde ersetzen und alle Arbeiten auf Hof und Feld übernehmen. Der Einsatz vor einem Zweischarpflug über Saat- und Pflegearbeiten bis hin zu Transportarbeiten, zum Einbringen von Ernte oder als stationäre Antriebsquelle waren keine Probleme für den kleinen 11er-Deutz. So trug er besonders zur Motorisierung der kleinen landwirtschaftlichen Familienbetriebe vor dem Zweiten Weltkrieg bei.

Aus bescheidenen Anfängen wurden bei Kramer eisen- oder luftbereifte Grasmäher gebaut. Die Nachfrage nach diesen einfachen, mit Verdampfungskühlung konstruierten und auch preislich günstigen Kleinschleppern war so groß, dass Lieferfristen von teilweisen, 15 Monaten bestanden.

Allesschaffer

Auf den unter dem Namen „Allesschaffer" berühmt gewordenen Bauernschlepper Kramer K 12 stützten sich die hauptsächlichen Fertigungsaktivitäten von Kramer in den ersten Nachkriegsjahren. Auf das Jahr 1924 gingen mit dem Bau einer selbstfahrenden Mähmaschine die Ursprünge der Traktorenherstellung der Firma in Gutmadingen zurück. 1936 wurde das stärkere Modell K 12/K 12 M (mit Mähwerk) vorgestellt, das von einem verdampfungsgekühlten Einzylinder-Güldner-Dieselmotor angetrieben wurde. Laut Preisliste von 1939 kostete der K 12 2850 Reichsmark, damit lag der K 12 im Preis noch unterhalb des 11er-Deutz-Bauernschleppers. Die Kramer-Dieselschlepper galten zu Recht als die Universalmaschinen für den landwirtschaftlichen Kleinbetrieb. Außerdem benötigte man zum Fahren keinen Führerschein und sie waren steuerfrei.

Kramer K 12

Hersteller:	**Kramer GmbH, Überlingen und Gutmadingen**
Ausführung:	**Kramer K 12**
Gesamtserie:	**964 Stück**
Technische Daten:	
Erstes Baujahr:	*1936*
Bauweise:	*Rahmenbauweise*
Motorart:	*1-Zylinder/4-Takt*
Höchstgeschwindigkeit:	*15 km/h*
Betriebsstoff:	*Diesel*
Kühlsystem:	*Verdampfungskühlung*
Leistung:	*8,09 kW (11 PS)*
Drehzahl:	*1500 U/min*
Getriebe:	*Vierganggetriebe*
Hubraum:	*1125 ccm*
Gewicht:	*1450 kg*
Antrieb:	*Hinterradantrieb*

1937

IHC I 12 G

Hersteller:	**International Harvester Company, Neuss/Rhein**
Ausführung:	**IHC I 12 G**
Gesamtserie:	**50 Stück**
Technische Daten:	
Erstes Baujahr:	*1937*
Bauweise:	*Blockbauweise mit Hilfsrahmen*
Motorart:	*4-Zylinder/4-Takt*
Höchstgeschwindigkeit:	*17,5 km/h*
Betriebsstoff:	*Benzin*
Kühlsystem:	*Wasserumlaufkühlung*
Leistung:	*14,7 kW (20 PS)*
Drehzahl:	*1650 U/min*
Getriebe:	*Vierganggetriebe*
Hubraum:	*1840 ccm*
Gewicht:	*1850 kg*
Antrieb:	*Hinterradantrieb*

Durch die in Deutschland und Westeuropa fortschreitende Mechanisierung der Landwirtschaft entschied man sich bei IHC in Chicago, mit dem Bau eines Traktorenwerks in Neuss zu beginnen. Von hier aus wurde dann im März 1937 der erste dort gebaute Schlepper F 12 G ausgeliefert.

Allzweckschlepper

Gewisse Schwierigkeiten bereitete der für Europa eher unübliche Vergasermotor. Trotz allem wurden die Modelle nicht nur auf dem deutschen Markt, sondern auch in Europa gut angenommen. Der Krieg unterbrach diese Entwicklung aber recht abrupt. Der IHC-Allzweckschlepper F 12 G war mit einem Vierzylinder-Vergasermotor ausgestattet. Außerdem war er mit Eisenrädern, Luftbereifung, einem zusätzlichen Vorsatzgetriebe, das eine höhere Fahrgeschwindigkeit ermöglichte, sowie einem Vierganggetriebe und als Industrie- und Verkehrsschlepper erhältlich.
Der Verkehrsschlepper I 12 G wurde nur in wenigen Stückzahlen gebaut und kostete 4574 Reichsmark. Aufgrund des Schell-Abkommens wurde die Produktion eingestellt. Der Schell-Plan sah vor, dass ab 1939 bei allen deutschen Fahrzeugen die Typenvielzahl eingeschränkt werden sollte.

Nach dem Ersten Weltkrieg nahm man bei Güldner den Motorenbau und die Motorenentwicklung wieder auf und lieferte Antriebseinheiten für verschiedene Einsatzzwecke. Wie viele andere Unternehmen auch geriet Güldner in die Turbulenzen der Weltwirtschaftskrise. Nach der Übernahme durch den größten Gesellschafter Linde Eismaschinen wurde das Programm neu strukturiert. Da die Nachfrage nach Kleinmotoren stetig zunahm, beschloss man den Bau von Dieselmotoren in dieser Größe zu forcieren.

Einstieg in den Traktorenbau

Das Jahr 1938 bedeutete für die Güldner-Werke den Beginn des Traktorenbaus. Das erste Modell, der A 20, war ein robustes, zuverlässiges Fahrzeug, das maximal 750 Kilogramm Zugkraft am Haken entwickeln konnte. Als Motor diente ein von Güldner selbst gebauter Dieselmotor F1 mit 20 PS. Aber das verblockte Vierganggetriebe von Prometheus als Baumuster ASS 14 oder von ZF in Form des A 12 musste zugekauft werden. Den A 20 gab es serienmäßig mit elektrischer Beleuchtung, Mähantrieb und Getriebezapfwelle. Er kostete in der Grundausstattung 4450 Reichsmark.

Güldner A 20

Hersteller:	**Güldner Motoren-Werke, Aschaffenburg**
Ausführung:	**Güldner A 20**
Gesamtserie:	**1528 Stück**
Technische Daten:	
Erstes Baujahr:	*1938*
Bauweise:	*rahmenlose Blockbauweise*
Motorart:	*1-Zylinder/4-Takt*
Höchstgeschwindigkeit:	*12,8–15 km/h*
Betriebsstoff:	*Diesel*
Kühlsystem:	*Wasserumlaufkühlung*
Leistung:	*14,8 kW (20 PS)*
Drehzahl:	*1500 U/min*
Getriebe:	*Vierganggetriebe*
Hubraum:	*1558 ccm*
Gewicht:	*1500 kg*
Antrieb:	*Hinterradantrieb*

Primus P 22

Hersteller:	**Primus Traktoren GmbH, Berlin-Lichtenberg**
Ausführung:	**Primus P 22**
Gesamtserie:	**keine Angabe**
Technische Daten:	
Erstes Baujahr:	*1938*
Bauweise:	*rahmenlose Blockbauweise*
Motorart:	*2-Zylinder/4-Takt*
Höchstgeschwindigkeit:	*16 km/h*
Betriebsstoff:	*Diesel*
Kühlsystem:	*Wasserumlaufkühlung*
Leistung:	*16,1 kW (22 PS)*
Drehzahl:	*1450 U/min*
Getriebe:	*Vierganggetriebe*
Hubraum:	*2198 ccm*
Gewicht:	*1600 kg*
Antrieb:	*Hinterradantrieb*

Bis zum Jahr 1938 dauerte es, bis Primus mit seinem ersten Traktormodell P 22 auf den Markt kam. In diesem Schlepper waren zwei wesentliche Komponenten vereint, das war zum einen der für die überwiegende Zahl der damaligen Bauernschlepper verwendetete wassergekühlte Deutz-Motor F2M 414 und zum anderen das Zahnradschubgetriebe ASS 14 der Berlin-Reinickendorfer Prometheus-Zahnradfabrik.

Muschelkotflügel

Der Primus P 22 war ein äußerst fortschrittlicher Bauernschlepper für Acker und Straße. In seinem auch später für Primus charakteristischen Farbton Taubenblau mit Muschelkotflügel war er in einer für die damalige Zeit modernen Form gebaut worden. Die rundnasige, bis über die Vorderachse herabreichende Kühlermaske zeigte einen neuen Weg in der Gestaltung von Ackerschleppern. Diese Form war so gut gelungen, dass sie bis zum Ende der Schlepperproduktion von Primus beibehalten wurde. Serienmäßig waren eine Bosch-Beleuchtungsanlage, ein Kupplungsmaul hinten, eine breite Ackerschiene sowie eine Aufsattelvorrichtung für Spezialgeräte verfügbar. Der Primus P 22 kostete ab Werk 4750 Reichsmark.

Ein weiterer 25-PS-Bulldog wurde auf der Reichsnährstandsausstellung, der früheren DLG-Messe, im Jahr 1939 vorgestellt. Es war ein aus der HN3-Reihe ackerluftbereifter Allzweckbulldog von Lanz. Dieses 25 PS starke Modell führte das Unternehmen wieder zu etwas stärkerem Erfolg.

Stufenlos verstellbare Hinterräder

Dieser Bulldog war einzigartig, denn Lanz hatte mit ihm die erste Konstruktion dieser Art geschafft. Der neben den für die üblichen landwirtschaftlichen Arbeiten vorgesehene Schlepper war hauptsächlich für die Hackfrucht- und Pflegearbeiten gedacht. Dafür hatte man ihm große schmale Stahlspeichen-Hinterräder verpasst. Mit 470 Millimetern verfügte dieser 25-PS-Ackerluft-Bulldog auch über eine große Bodenfreiheit. Weitere Besonderheiten waren die stufenlos verstellbaren Hinterräder, eine einzelradgefederte, steil gekröpfte Vorderachse, eine elektrische Licht- und Signalanlage, Einzelradlenkbremsen, eine Riemenscheibe und das übliche Sechsganggetriebe. Als Sonderausrüstung gegen Aufpreis gab es zum Beipiel ein mechanisches Hebegetriebe mit Vierpunktaufhängung, ein Allwetterverdeck sowie eine Getriebezapfwelle dazu.

Lanz Typ HN 3 – D 7506

Hersteller:	**Heinrich Lanz AG, Mannheim**
Ausführung:	**Lanz Typ HN 3**
Gesamtserie:	**1861 Stück**
Technische Daten:	
Erstes Baujahr:	*1939*
Bauweise:	*rahmenlose Blockbauweise*
Motorart:	*1-Zylinder/2-Takt*
Höchstgeschwindigkeit:	*19 km/h*
Betriebsstoff:	*Diesel*
Kühlsystem:	*Wasserthermosyphonkühlung*
Leistung:	*18,3 kW (25 PS)*
Drehzahl:	*850 U/min*
Getriebe:	*2 x 3 Gänge*
Hubraum:	*4767 ccm*
Gewicht:	*2200 kg*
Antrieb:	*Hinterradantrieb*

Ritscher N 20

Hersteller:	**Karl Ritscher GmbH, Sprötze**
Ausführung:	**Ritscher N 20**
Gesamtserie:	**ca. 20 Stück**
Technische Daten:	
Erstes Baujahr:	*1939*
Bauweise:	*rahmenlose Blockbauweise*
Motorart:	*2-Zylinder/4-Takt*
Höchstgeschwindigkeit:	*12 km/h*
Betriebsstoff:	*Diesel*
Kühlsystem:	*Wasserumlaufkühlung*
Leistung:	*18,3 kW (22 PS)*
Drehzahl:	*1500 U/min*
Getriebe:	*Dreiganggetriebe*
Hubraum:	*2198 ccm*
Gewicht:	*1250 kg*
Antrieb:	*Hinterradantrieb*

Mehr als 40 Jahre ist es her, seit die letzten recht eigenwilligen Traktoren aus Sprötze bei Hamburg hergestellt wurden. Die robusten und zuverlässigen Schlepper waren hauptsächlich in Norddeutschland sehr beliebt.
Mit der Traktorenentwicklung wurde begonnen, nachdem der Enkel des Firmengründers Heinrich Wilhelm Ritscher, Karl Ritscher, 1919 nach einem längeren USA-Aufenthalt nach Hamburg zurückkam. 1921 wurde die Firma auf die Geschwister Ritscher aufgeteilt. Die „Moorburger Trecker Werke" blieben aber bei Karl Ritscher.

Drei Räder

Mithilfe von Rüstungsaufträgen aus Berlin überstand man die Weltwirtschaftskrise und mit dem im Jahr 1933 stattfindenden Wirtschaftsaufschwung konnte auch die Firma Ritscher profitieren. Durch die einseitige Agrarpolitik des Dritten Reiches beschloss Ritscher, kleine Schlepper zu bauen. Die Erfahrungen, die er in den USA gemacht hatte, ermutigten ihn, ein dreirädriges Fahrzeug zu konstruieren. Das Modell N 20 hatte eine vorne abgerundete Kühlerverkleidung und einen auf 22 PS verstärkten Motor

Die ab dem Jahr 1940 in Deutschland gefertigten Farmall-FG-Schlepper besaßen bei den Bauern einen guten Ruf und waren vor allem in kleinen bis mittelgroßen landwirtschaftlichen Betrieben entsprechend beliebt. Dazu trug auch entschieden bei, dass die Landwirte die zu diesen Schleppern passenden Bodenbearbeitungsgeräte vom Hersteller beziehen konnten. Es war zur damaligen Zeit noch nicht üblich, dass sowohl der Schlepper als auch die auf ihn zugeschnittenen Arbeitsgeräte aus einer Hand kamen.

Luftbereifter Schlepper

Der Farmall FG war wahlweise mit dem Schriftzug „McCormick" oder „Deering" auf den Markt gekommen. Der Vergasermotor war mit einem Vierganggetriebe sowie mit dem Hinterachsgehäuse zu einer tragenden Einheit verblockt. Der Farmall FG erreichte eine Höchstgeschwindigkeit von 14,7 Stundenkilometern. Er besaß wie alle luftbereiften Schlepper eine auf die Hinterräder wirkende Fußbremse sowie eine auf das Getriebe wirkende Handbremse. Serienmäßig erhielt man eine genormte Zapfwelle, verstellbare Zugrahmen, Anhängerzughaken und Schutzbleche für die Hinterräder.

IHC Farmall FG

Hersteller:	**International Harvester Company, Neuss/Rhein**
Ausführung:	**IHC Farmall FG**
Gesamtserie:	**1543 Stück**
Technische Daten:	
Erstes Baujahr:	*1940*
Bauweise:	*Blockbauweise mit Hilfsrahmen*
Motorart:	*4-Zylinder/4-Takt*
Höchstgeschwindigkeit:	*14,7 km/h*
Betriebsstoff:	*Benzin*
Kühlsystem:	*Wasserumlaufkühlung*
Leistung:	*14,7 kW (20 PS)*
Drehzahl:	*1650 U/min*
Getriebe:	*Vierganggetriebe*
Hubraum:	*2040 ccm*
Gewicht:	*1830 kg*
Antrieb:	*Hinterradantrieb*

1940

Lanz Typ HR 8 – D 9506

Hersteller:	**Heinrich Lanz AG, Mannheim**
Ausführung:	**Lanz Typ HR 8**
Gesamtserie:	**keine Angabe**
Technische Daten:	
Erstes Baujahr:	*1940*
Bauweise:	*rahmenlose Blockbauweise*
Motorart:	*1-Zylinder/2-Takt*
Höchstgeschwindigkeit:	*16,7 km/h*
Betriebsstoff:	*Diesel*
Kühlsystem:	*Wasserthermosyphonkühlung*
Leistung:	*33,1 kW (45 PS)*
Drehzahl:	*630 U/min*
Getriebe:	*2 x 3 Gänge*
Hubraum:	*10.338 ccm*
Gewicht:	*3500 kg*
Antrieb:	*Hinterradantrieb*

Im Bereich um 45 PS Leistung waren Acker- und Ackerluftbulldogs von Lanz damals weit verbreitet. Hiervon leitete man weitere Varianten ab wie die Kombi- oder Verkehrsbulldogs und die Eilbulldogs. Auch diese Varianten gab es wiederum in zahlreichen unterschiedlichen Ausführungen. Für die Leistungsklassen der seit 1934 am Markt befindlichen Klassen war zunächst der Wert der normalen Dauerleistung maßgebend. Der 38-PS-Bulldog wurde durch die neue Typenklassifizierung zum 45-PS-Bulldog.

Ein beliebter Schlepper

Einer der beliebtensten Typen war der Ackerluftbulldog D 9506, der mit serienmäßiger Luftbereifung und Sechsganggetriebe zu bekommen war. In großen landwirtschaftlichen Betrieben waren diese leistungsstarken Fahrzeuge oft anzutreffen. Mit mehr als 39 Tonnen Anhängelast im ersten Gang und einer maximalen Zugkraft von 2705 Kilogramm konnte er für schwere Arbeiten eingesetzt werden. Nach Baueinstellung aufgrund des Zweiten Weltkriegs verließen bereits im Jahr 1945 wieder die ersten Bulldogs das noch weitgehend zerstörte Betriebsgelände. Technisch aber waren die Glühköpfe Mitte der 1950er-Jahre veraltet.

Ein großer Vorteil der Straßenschlepper gegenüber den Lastwagen war, dass sie einen entsprechend der Ladung unterschiedliche Anhänger transportieren konnten. Da die LKWs zur damaligen Zeit auch nicht wesentlich schneller waren, machte sich erst ab einer Entfernung von 100 Kilometern die höhere Geschwindigkeit bemerkbar. Deshalb sah man überwiegend die großen Straßenschlepper im Einsatz für den Güterverkehr. Erst nach dem Krieg ging ihr wirtschaftlicher Vorteil gegenüber dem LKW verloren.

Acker-, Universal- und Straßenschlepper

Der bis 1953 produzierte Deutz F3M 417 war wirtschaftlich und robust. Der Universal- oder Straßenschlepper besaß eine Blattfederung, während der Ackerschlepper ungefedert war. Die kräftige Vorderachse war pendelnd am Vorderachsblock aufgehängt. Der F3M 417 hatte einen stehend angeordneten wassergekühlten Dreizylinder-Deutz-Motor. Er verfügte über auswechselbare Zylinderlaufbuchsen, Leichtmetallkolben und eine rollengelagerte Kurbelwelle. Für den Feldeinsatz war seine Bodenfreiheit von 300 Millimetern durchaus ausreichend und seine maximale Zugkraft betrug 2400 Kilogramm.

Deutz F3M 417

Hersteller:	**Klöckner-Humbolt-Deutz AG, Köln-Deutz**
Ausführung:	**Deutz F3M 417**
Gesamtserie:	**3750 Stück**
Technische Daten:	
Erstes Baujahr:	*1942*
Bauweise:	*rahmenlose Blockbauweise*
Motorart:	*3-Zylinder/4-Takt*
Höchstgeschwindigkeit:	*20 km/h*
Betriebsstoff:	*Diesel*
Kühlsystem:	*Wasserumlaufkühlung*
Leistung:	*36,6 kW (50 PS)*
Drehzahl:	*1350 U/min*
Getriebe:	*Fünfganggetriebe*
Hubraum:	*5768 ccm*
Gewicht:	*3750 kg*
Antrieb:	*Hinterradantrieb*

Hanomag R 40

Hersteller:	**Hannoversche Maschinenbau AG, Hannover**
Ausführung:	**Hanomag R 40**
Gesamtserie:	**12.130 Stück**

Technische Daten:

Erstes Baujahr:	*1942*
Bauweise:	*rahmenlose Blockbauweise*
Motorart:	*4-Zylinder/4-Takt*
Höchstgeschwindigkeit:	*8,5 km/h*
Betriebsstoff:	*Diesel*
Kühlsystem:	*Wasserumlaufkühlung*
Leistung:	*29,3 kW (40 PS)*
Drehzahl:	*1200 U/min*
Getriebe:	*Fünfganggetriebe*
Hubraum:	*5195 ccm*
Gewicht:	*3200 kg*
Antrieb:	*Hinterradantrieb*

Der Firma Hanomag wurden durch den Generalbevollmächtigten des Kraftfahrwesens Oberst von Schell, der 1939 das Typenprogramm für Kraftfahrzeuge festgelegt hatte, die Entwicklung und der Bau von Radschleppern mit 30 und 40 PS zugestanden. Mit diesem überaus zugkräftigen Schlepper gelang Hanomag der entscheidende Durchbruch, nur der Krieg verhinderte einen noch größeren Erfolg.

Neuentwicklung

Beim Hanomag R 40 handelte es sich bis auf den Motor um eine Neuentwicklung. Hier übernahm man den bewährten, auf 40 PS gesteigerten D52-Vierzylinder-Vorkammer-Dieselmotor, der mit dem Getriebe zu einer tragenden Einheit verblockt war. Eine weitere Neuerung war die Zusammenarbeit beim Schaltgetriebe mit FAMO. Serienmäßig besaß der R 40 eine Zapfwelle, ein Sperrdifferenzial und eine Riemenscheibe. Zusätzlich konnte man noch gegen Aufpreis ein Fahrerdach und eine Windschutzscheibe sowie vordere Kotflügel, eine Seilwinde mit Bergstütze und eine Druckluftbremsanlage bekommen. Der in erstaunlicher Stückzahl gebaute Hanomag R 40 kostete im Jahr 1949 13.250 DM.

Im Jahr 1888 gründete Hermann Lanz Senior eine mechanische Werkstätte im oberschwäbischen Aulendorf. Es wurden Reparaturen an landwirtschaftlichen Gerätschaften durchgeführt. Zu dieser Zeit war Aulendorf noch geprägt von Handwerk und Landwirtschaft, bot jedoch seit 1869 einen Eisenbahnknotenpunkt zwischen Ulm, Friedrichshafen und Sigmaringen.

Kriegsbedingte Einheitsbauweise

Bedingt durch die Betriebsmittelknappheit ordnete die Reichsregierung am 1. Juli 1942 die Fertigung von holzgasbetriebenen Einheitsschleppern an. Bei Lanz wurden somit der L25 und der HG25 mit 25 PS Leistung und einem Holzgasgenerator angeboten. Zur Verwendung kamen die ebenfalls vorgeschriebenen Deutz- oder MWM-Einheitsmotoren. Da der Zukauf von Werkstoffen kriegsbedingt immer schwieriger wurde, konnten vom Holzgastraktor HG 25 nicht so viele Fahrzeuge gefertigt werden wie vom Vorgänger. Glücklicherweise konnte Hermann Lanz die Last eines Rüstungsbetriebs abwenden und hoffte auf ein Ende des Krieges, um die Generatorschlepper wieder mit Dieselmotoren ausrüsten zu können

Hela HG 25

Hersteller:	**Hermann Lanz, Aulendorf**
Ausführung:	**HG 25**
Gesamtserie:	**235 Stück**
Technische Daten:	
Erstes Baujahr:	*1942*
Bauweise:	*Blockbauweise*
Motorart:	*2-Zylinder/4-Takt*
Höchstgeschwindigkeit:	*20 km/h*
Betriebsstoff:	*Feststoff*
Kühlsystem:	*Wasserumlauf*
Leistung:	*18,3 kW (25 PS)*
Drehzahl:	*1550 U/min*
Getriebe:	*Fünfganggetriebe*
Hubraum:	*3982 ccm*
Gewicht:	*2200 kg*
Antrieb:	*Hinterradantrieb*

1943

Lanz HRO 8

Hersteller:	**Heinrich Lanz AG, Mannheim**
Ausführung:	**Lanz Typ HRO 8**
Gesamtserie:	**keine Angabe**
Technische Daten:	
Erstes Baujahr:	*1943*
Bauweise:	*Blockbauweise*
Motorart:	*1-Zylinder/2-Takt*
Höchstgeschwindigkeit:	*18,6 km/h*
Betriebsstoff:	*Feststoff*
Kühlsystem:	*Wasserumlaufkühlung*
Leistung:	*33,1 kW (40 PS)*
Drehzahl:	*630 U/min*
Getriebe:	*2 x 3 Gänge*
Hubraum:	*13.797 ccm*
Gewicht:	*3380 kg*
Antrieb:	*Hinterradantrieb*

Der unbeliebte Holzgas- oder Generatorantrieb ging nicht am 40 PS starken Ackerluftbulldog von Lanz vorbei. Bereits wenige Monate nach Ausbruch des Zweiten Weltkriegs durften in der Landwirtschaft nur noch Kraftstoffe für die Feldarbeiten verwendet werden.

Liegender Einzylinder-Zweitakt-Motor

Der Motor des HG 25 von Lanz war ein liegender Einzylinder-Zweitakt-Motor ohne Ventile mit Frischöl-Umlaufschmierung. Die Wasserkühlung hatte auswechselbare Kühlerelemente. Eine Kugelschaltung für sechs Fahrgeschwindigkeiten vorwärts und zwei Fahrgeschwindigkeiten rückwärts garantierte die beste Anpassung an die verschiedenen Boden- und Belastungsverhältnisse. Eine sofortige Startbereitschaft durch eine elektrische Zündung sowie eine elektrische Beleuchtung mit unempfindlicher Stahlbatterie gehörten zur Standardausrüstung des HG 25. Ebenfalls serienmäßig waren eine gefederte Vorderachse, eine rechtsseitige Riemenscheibe mit Leerlauf und ein gut gefederter Fahrersitz vorhanden. Als Sonderausrüstung gegen Aufpreis gab es eine Zapfwelle, eine Seilwinde, eine Windschutzscheibe, ein Dach sowie Zusatzgewichte für die Hinterräder.

TITAN
10-20

1944

1921 machte sich Fritz Bührer selbstständig und mietete in Burgdorf in der Schweiz eine Werkstatt. Er konnte dann 1927 eine Ford-Vertretung für Autos, LKWs und Traktoren in Frauenfeld übernehmen. Der erste Bührer-Traktor mit seitlich am Traktor angetriebenen Mähbalken kam 1929 auf den Markt.

Vorzeigeobjekt

Schnell wurden die Bührer-Traktoren zum Vorzeigeobjekt der schweizerischen Agrartechnik. Unzählige Spezialanfertigungen und Prototypen verließen das Werk. Auch Spezialbauten für den Flughafen Zürich, die Armee und viele weitere Unternehmen kamen von Bührer. Während des Zweiten Weltkrieges baute Bührer, wie andere Hersteller auch, Schlepper mit Holzvergasermotoren. Nach dem Krieg begann für Bührer die Blütezeit. Erfolgreichstes Modell war der Vielzwecktraktor mit einer Stückzahl von ca. 7000. Weil die Beschaffung von Ford-Motoren wegen der Kriegsjahre sehr schwierig war, entschloss man sich, diesen Motor nachzubauen. Durch seine selbsttragende Bauart musste auch die Vorderachse neu konstruiert werden. Ab 1944 wurde der Bührer BD 3 mit einem Dreizylinder-Wirbelkammermotor von Bührer gebaut.

Bührer BD 3

Hersteller:	**Fritz Bührer Maschinenfabrik, Bäretswil, Schweiz**
Ausführung:	**Bührer BD 3**
Gesamtserie:	**keine Angabe**
Technische Daten:	
Erstes Baujahr:	*1944*
Bauweise:	*rahmenlose Blockbauweise*
Motorart:	*3-Zylinder/4-Takt*
Höchstgeschwindigkeit:	*ca. 20 km/h*
Betriebsstoff:	*Diesel*
Kühlsystem:	*Wasserumlaufkühlung*
Leistung:	*29,4 kW (40 PS)*
Drehzahl:	*1500 U/min*
Getriebe:	*Viergangetriebe*
Hubraum:	*2940 ccm*
Gewicht:	*2150 kg*
Antrieb:	*Hinterradantrieb*

1945

Fordson Major E 27 N

Hersteller:	**Henry Ford & Son, Rouge Plant Dearborn, Michigan, USA**
Ausführung:	**Fordson Major E 27 N**
Gesamtserie:	**236.000 Stück (alle Ausführungen)**

Technische Daten:

Erstes Baujahr:	*1945*
Bauweise:	*rahmenlose Blockbauweise*
Motorart:	*4-Zylinder/4-Takt*
Höchstgeschwindigkeit:	*18 km/h*
Betriebsstoff:	*Benzin*
Kühlsystem:	*Wasserumlaufkühlung*
Leistung:	*19,8 kW (27 PS)*
Drehzahl:	*1450 U/min*
Getriebe:	*Dreiganggetriebe*
Hubraum:	*3916 ccm*
Gewicht:	*1873 kg*
Antrieb:	*Hinterradantrieb*

Gegen Ende der 1930er-Jahre war der Fordson N, der noch auf dem 1917 gebauten Modell F basierte, trotz Luftbereifung und anderer Verbesserungen technisch überholt. Kurz nach Kriegsende kam daher 1945 ein Nachfolgemodell auf den Markt, der Fordson Modell E 27 N.

Stirnradgetriebe

Der Fordson Modell E 27 N verfügte ebenfalls noch über einen wassergekühlten Vergasermotor und lieferte dank einer höheren Drehzahl eine Leistung von 27 PS. Eine wichtige Änderung bestand darin, dass man anstatt des Schneckenrad-Achsantriebs ein neues Stirnradgetriebe einbaute, welches auch aufgrund des geringeren Leistungsverlusts wesentlich effizienter arbeitete. Durch seine markante dunkelblaue Lackierung und die in Orangerot gehaltenen Radfelgen hob er sich von seinen Mitbewerbern gut ab. Das Dreiganggetriebe war ein weiteres Überbleibsel seines Vorgängers, des Fordson F. Der Motor besaß einen Zahnkranz, auf dem ein Anlassermotor montiert werden konnte. Eigentlich nur als Übergangsmodell geplant wurde der E 27 N ein so großer Erfolg, dass er in nicht unerheblicher Stückzahl gebaut wurde.

Nach dem Zweiten Weltkrieg kam die Schlepperproduktion in den Marktoberdorfer Werken nur langsam in Schwung. Erst gegen Ende des Jahres 1948 kam das erste Nachkriegsmodell, das Dieselross F 18 H von Fendt, auf den Markt. Er wurde entwickelt aus dem Vorkriegsmodell Fendt F 18, indem man dem bis dahin unverkleideten Deutz-Verdampfermotor MAH 916 eine runde Motorabdeckung und ein formschönes Lufteinlassgitter verpasste.

Zuverlässiger Schlepper

Der F 18 H war ein robuster, zuverlässiger und wendiger Traktor, der sich lange Zeit im Verkaufsprogramm von Fendt halten konnte. Mit einer Dauerleistung von 18 PS konnte der liegend angeordnete Einzylindermotor auch unter ungünstigen Bedingungen ohne Zündhilfen gut gestartet werden, auch ließ sich die Motordrehzahl von 800 bis 1400 U/min verstellen. Das Vierganggetriebe von ZF war in den Geschwindigkeiten 4, 6, 9 und 18 km/h übersetzt. Als Werkausstattung gab es eine Riemenscheibe, eine handbetätigte Differenzialsperre sowie eine elektrische Beleuchtung. Als Sonderzubehör waren ein Spezialklappgreifer, eine Getriebezapfwelle und ein Allwetterverdeck zu bekommen.

Fendt F 18 H

Hersteller:	**Fendt und Co., Marktoberdorf**
Ausführung:	**Fendt F 18 H**
Gesamtserie:	**955 Stück**
Technische Daten:	
Erstes Baujahr:	*1946*
Bauweise:	*Rahmenbauweise*
Motorart:	*1-Zylinder/4-Takt*
Höchstgeschwindigkeit:	*18 km/h*
Betriebsstoff:	*Diesel*
Kühlsystem:	*Wasserverdampfungskühlung*
Leistung:	*13,2 kW (18 PS)*
Drehzahl:	*1400 U/min*
Getriebe:	*Vierganggetriebe*
Hubraum:	*1808 ccm*
Gewicht:	*1485 kg*
Antrieb:	*Hinterradantrieb*

Ferguson TE 20

Hersteller:	**Ferguson, Coventry, Großbritannien**
Ausführung:	**Ferguson TE 20**
Gesamtserie:	**172.185 Stück**

Technische Daten:

Erstes Baujahr:	*1946*
Bauweise:	*rahmenlose Blockbauweise*
Motorart:	*4-Zylinder/4-Takt*
Höchstgeschwindigkeit:	*20 km/h*
Betriebsstoff:	*Benzin*
Kühlsystem:	*Wasserumlaufkühlung*
Leistung:	*17,8 kW (24 PS)*
Drehzahl:	*1200 U/min*
Getriebe:	*Viergangetriebe*
Hubraum:	*1996 ccm*
Gewicht:	*1117 kg*
Antrieb:	*Hinterradantrieb*

Nachdem sich Ford aus der Partnerschaft mit Ferguson zurückgezogen hatte, baute der in Nordirland geborene Harry Ferguson ab 1946 seine eigenen Modelle. Sie glichen dem Ford-Modell Fordson N 9 sehr. Als „little grey Fergie" war der Traktor weltbekannt geworden. Er wurde bei der Standard Motor Company gebaut, die inzwischen zu Ferguson gehörte.

Alles war aufeinander abgestimmt

In Großserie wurde der Ferguson TE in Coventry gebaut. Er war ein kleiner, unscheinbarer Schlepper, der anfangs nur mit einem Vierzylinder-Benzinmotor zu bekommen war, ab 1951 gab es aber auch den wirtschaftlichen Dieselmotor. Serienmäßig waren bei Ferguson eine Getriebezapfwelle, eine Hitchkupplung, ein hydraulischer Kraftheber, eine Dreipunktaufhängung sowie eine Spurweiteneinstellung und Batteriezündung mit Anlasser zu bekommen. Alles war genau aufeinander abgestimmt, sodass der Landwirt für den praktischen Arbeitseinsatz auf dem Acker gut gerüstet war. Ob vor dem Pflug, vor dem Ackerwagen oder vor der Egge, nichts war dem Zufall überlassen. So war es nicht verwunderlich, dass sein Erfolg in aller Welt ungeahnte Stückzahlen erreichte.

Im Frühjahr 1945 veranlasste eine Schweizer Hilfsorganisation, dass Traktoren samt Fahrer mit den verschiedensten Anbaugeräten in die vom Kriegsgeschehen hart betroffenen Gebiete in Italien, Frankreich und Luxemburg geschickt wurden, um vernachlässigte oder zerstörte Straßen und Gebäude wieder aufzubauen. Diese Einsätze wurden mit den zuverlässigen und robusten Hürlimann-Traktoren durchgeführt.

Ein Erfolgsmodell

Ein markanter Meilenstein in der Hürlimann-Geschichte war der 1946 vorgestellte Hürlimann D 100. Er war mit einem von Chefkonstrukteur Ariste Liengme vollkommen neu entwickelten 45-PS-Dieselmotor ausgestattet. Auch die größeren Modelle, der Hürlimann D 200 und der D 250 sowie die Industrie-Ausführung D 400, waren mit dem Hürlimann-Dieselmotor D 100 ausgerüstet. Hans Hürlimann vertraute auf den Erfolg seiner neuen Typenreihe mit dem D-100-Motor und vergrößerte deshalb seine Betriebsstätte. Das Erfolgsmodell D 100 schaffte bis 1954 beachtliche Verkaufszahlen von 1465 Exemplaren. Der Hürlimann D 100 wurde 1957 vom Typ D 100 SP/SSP abgelöst.

Hürlimann D 100

Hersteller:	**Hans Hürlimann Traktorenfabrik, Wil, Schweiz**
Ausführung:	**Hürlimann D 100**
Gesamtserie:	**bis 1954: 1465 Stück**
Technische Daten:	
Erstes Baujahr:	*1946*
Bauweise:	*rahmenlose Blockbauweise*
Motorart:	*4-Zylinder/4-Takt*
Höchstgeschwindigkeit:	*ca. 20 km/h*
Betriebsstoff:	*Diesel*
Kühlsystem:	*Wasserumluftkühlung*
Leistung:	*33,1 kW (45 PS)*
Drehzahl:	*1880 U/min*
Getriebe:	*Fünfganggetriebe*
Hubraum:	*4020 ccm*
Gewicht:	*1650 kg*
Antrieb:	*Hinterradantrieb*

Steyr 180

Hersteller:	**Steyr-Werke AG, St. Valentin, Österreich**
Ausführung:	**Steyr 180**
Gesamtserie:	**25.302 Stück**

Technische Daten:

Erstes Baujahr:	*1947*
Bauweise:	*rahmenlose Blockbauweise*
Motorart:	*2-Zylinder/4-Takt*
Höchstgeschwindigkeit:	*20 km/h*
Betriebsstoff:	*Diesel*
Kühlsystem:	*Wasserumluftkühlung*
Leistung:	*22 kW (30 PS)*
Drehzahl:	*1600 U/min*
Getriebe:	*Fünfganggetriebe*
Hubraum:	*2661 ccm*
Gewicht:	*1800 kg*
Antrieb:	*Hinterradantrieb*

Die österreichischen Steyr-Werke begannen im Jahr 1945 damit, einen robusten und leicht zu fertigenden Dieselmotor zu entwickeln und zu bauen. Die so entstandene Motorenbaureihe war nach dem Baukastenprinzip konzipiert. Viele Bauteile des Steyr-Diesel-LKW 380 waren mit dem 180 baugleich und somit kompatibel. Das Zweizylinderaggregat dieser Reihe wurde in den Steyr 180 eingebaut. Bereits 1947 konnte die Firma Steyr den ersten wassergekühlten österreichischen Dieseltraktor der Nachkriegszeit vorstellen.

Runde Motorhaube

Der 180 wirkte mit seinem modernen Design bulliger und kraftvoller als seine damaligen eher eckigen, importierten Mitbewerber. Der Traktor besaß bereits ein Fünfganggetriebe, eine Getriebebremse sowie eine Riemenscheibe. Die Vorderachse war als doppelquerblattgefederte Pendelachse ausgebildet. Komplettiert wurde der Steyr 180 von einem Mähantrieb, einem Mähwerk und Lenkbremsen. Als Sonderzubehör gegen Aufpreis wurden ein Allwetterverdeck und ab dem Jahr 1950 ein hydraulischer Kraftheber geliefert. Im gleichen Jahr wurde die Motorleistung auf 30 PS gesteigert.

1948

Als der Zweite Weltkrieg gerade zu Ende gegangen war, mussten sich die drei westlichen Besatzungszonen mit den verheerenden Verwüstungen der Kriegsjahre auseinandersetzen. Zu dieser Zeit überlegte sich Dip.-Ing. A. Friedrich, vormals langjähriger Konstruktionsleiter für Flugmotoren bei Daimler-Benz, wie sich die bäuerliche Arbeit mithilfe eines allradgetriebenen Allzwecktraktors am besten rationalisieren lassen könnte.

Universal-Motor-Gerät

Aus noch sehr vagen Überlegungen zu einem Universal-Motor-Gerät heraus entstanden schließlich 1946 erstmals konkrete Pläne, einen Allzwecktraktor zu entwickeln. Innerhalb von nur sieben Monaten gelang es den engagierten Partnern, ein erstes Fahrgestell zu erproben – am 9. Oktober 1946. Nichts ließ erahnen, dass Friedrich und sein Team das Urexemplar eines Fahrzeugs geschaffen hatten, das von keinem anderen Nutzfahrzeug hinsichtlich der Vielseitigkeit übertroffen werden konnte.
Nach langem Suchen gelang es, die Göppinger Werkzeugmaschinenfabrik Gebrüder Boehringer GmbH für die Fertigung und den Vertrieb des Unimog zu gewinnen. So begann im August 1948 bei Boehringer der Serienbau des Unimog.

Boehringer Unimog

Hersteller:	**Gebr. Boehringer GmbH, Göppingen**
Ausführung:	**Boehringer Unimog**
Gesamtserie:	**600 Stück**
Technische Daten:	
Erstes Baujahr:	*1948*
Bauweise:	*Rahmenbauweise*
Motorart:	*4-Zylinder/4-Takt*
Höchstgeschwindigkeit:	*52 km/h*
Betriebsstoff:	*Diesel*
Kühlsystem:	*Wasserumlaufkühlung*
Leistung:	*8,09 kW (25 PS)*
Drehzahl:	*2350 U/min*
Getriebe:	*Sechsganggetriebe*
Hubraum:	*1697 ccm*
Gewicht:	*1680 kg*
Antrieb:	*Allradantrieb*

Eicher ED 16 I

Hersteller:	**Eicher Traktoren- und Landmaschinen Werke, Forstern**
Ausführung:	**Eicher ED 16 I**
Gesamtserie:	**2210 Stück**
Technische Daten:	
Erstes Baujahr:	*1948*
Bauweise:	*rahmenlose Blockbauweise*
Motorart:	*1-Zylinder/4-Takt*
Höchstgeschwindigkeit:	*15 km/h*
Betriebsstoff:	*Diesel*
Kühlsystem:	*Luft mit Radialgebläse*
Leistung:	*11,77 kW (16 PS)*
Drehzahl:	*1500 U/min*
Getriebe:	*Vierganggetriebe*
Hubraum:	*1425 ccm*
Gewicht:	*1450 kg*
Antrieb:	*Hinterradantrieb*

Ab 1948 produzierte die Firma Eicher in Forstern den Eicher-Dieselschlepper ED 16/I ungeheuer erfolgreich, denn er entsprach genau dem Bild, das sich der Landwirt damals vorstellte. Er war sozusagen der Urvater der mit einem luftgekühlten Dieselmotor gebauten Ackerschlepper.

Allroundfahrzeug

Dass der ED 16/I bei den Kunden so gut ankam, trug dazu bei, dass sich Eicher bald zu einer der erfolgreichsten Traktorenfirmen Süddeutschlands entwickelte. Als vielseitig einsetzbares Allroundfahrzeug bewährte sich der Schlepper bei der Acker- und Feldarbeit genauso wie vor dem Pflug, vor dem Kartoffelroder oder als Stationärmotor zum Beispiel beim Antreiben eines Dreschwagens. Mit einem Zf-A-12-Getriebe mit vier Vorwärtsgängen und einem Rückwärtsgang ausgestattet war der ED 16/I mit 1450 Kilogramm Eigengewicht etwas schwer geraten. Gegen Aufpreis gab es ein Rasspe-Mähwerk mit 152 Zentimetern Arbeitsbreite. Die Serienausführung umfasste Zapfwelle, Differenzialsperre, Riemenscheibe, Mähantrieb, Ackerschiene, Spurverstellmöglichkeiten sowie eine vordere und hintere Anhängevorrichtung.

Die Firma Erich Röhr aus Passau beschäftigte sich zunächst mit dem Bau landwirtschaftlicher Maschinen verschiedener Art. Eine selbstfahrende Steintorfformmaschine trug dazu bei, dass Röhr mit dem Schlepperbau begann. Das Unternehmen konnte leider nur regional tätig werden, denn über Niederbayern hinaus konnte man nur ein lückenhaftes Händlernetz aufbauen.

14-PS-Kleintraktor

Im Jahr 1948 wurde von der Maschinenfabrik Röhr das erste Schleppermodell, der 14-PS-Kleintraktor 15 R, vorgestellt. Er besaß anfangs einen wassergekühlten Einzylinder-Vorkammer-Diesel KD 215 E von MWM. Fünf Vorwärtsgänge und ein Rückwärtsgang kamen im G76-Getriebe von Hurth zum Einsatz. Fünf Gänge waren zur damaligen Zeit bei dieser Traktorenklasse im Allgemeinen noch recht selten. Ab dem Jahr 1950 stellte Röhr auf das verbesserte, mit dem Wirbelkammerverfahren betriebene Aggregat KDW 215 E um. Bereits kurze Zeit später folgte der mit 15 PS geringfügig leistungsgesteigerte MWM-Motor KDW 415 E. Die Serienausführung war mit elektrischer Vorglüheinrichtung, Riemenscheibe, Getriebezapfwelle, Mähantrieb, Einzelradlenkung und Differenzialsperre erhältlich.

Röhr 15 R

Hersteller:	**Erich Röhr Maschinenfabrik, Passau**
Ausführung:	**Röhr 15 R**
Gesamtserie:	**keine Angabe**

Technische Daten:

Erstes Baujahr:	*1948*
Bauweise:	*rahmenlose Blockbauweise*
Motorart:	*1-Zylinder/4-Takt*
Höchstgeschwindigkeit:	*20 km/h*
Betriebsstoff:	*Diesel*
Kühlsystem:	*Wasserumlaufkühlung*
Leistung:	*10,3 kW (14 PS)*
Drehzahl:	*1500 U/min*
Getriebe:	*Fünfganggetriebe*
Hubraum:	*1178 ccm*
Gewicht:	*1280 kg*
Antrieb:	*Hinterradantrieb*

Allgaier R 22

Hersteller:	**Allgaier Werke, Uhingen**
Ausführung:	**Allgaier R 22**
Gesamtserie:	**ca. 4000 Stück**
Technische Daten:	
Erstes Baujahr:	*1949*
Bauweise:	*Rahmenbauweise*
Motorart:	*1-Zylinder/4-Takt*
Höchstgeschwindigkeit:	*19 km/h*
Betriebsstoff:	*Diesel*
Kühlsystem:	*Wasserverdampfungskühlung*
Leistung:	*16,1 kW (22 PS)*
Drehzahl:	*1500 U/min*
Getriebe:	*Vierganggetriebe*
Hubraum:	*1840 ccm*
Gewicht:	*1700 kg*
Antrieb:	*Hinterradantrieb*

Die ersten liegenden Einzylinder-Verdampfermotoren mit 18 PS wurden bereits im Jahr 1946 getestet. Außerdem wurde hierfür ein geeignetes Schleppergetriebe dazu entwickelt. So wurde im Mai 1946 der erste Allgaier-Schlepper mit der Bezeichnung R 18, das „R" stand für robust und die Zahl „18" gab die Motorleistung in PS an, fertiggestellt.

Verbesserte Leistung

Im Frühjahr kam bereits eine verbesserte Lenkung an der pendelnd gelagerten Vorderachse zum Einsatz und ab Mitte des gleichen Jahres kam ein Motor mit einem schmaleren, an den Ecken gerundeten Wasserkasten zur Verwendung. Er bot neben seiner höheren Stabilität eine bessere Sicht nach vorne. Außerdem ergaben Versuche auf dem Prüfstand bei diesem Motor nicht, wie zuerst gemessen, 18 bis 20 PS, sondern er hatte eine Leistung von 22 PS. Diese Tatsache wurde im August 1949 recht werbewirksam verwendet und der Allgaier R 18 wurde sozusagen als neues Modell R 22 präsentiert. Das äußere Unterscheidungsmerkmal betraf die Hinterradgröße, da nicht mehr 8-20er, sondern 9-24er Reifen verwendet wurden. Dadurch erhöhte sich die Bodenfreiheit auf 350 Millimeter.

Auch für die Firma Fahr in Gottmadingen bedeuteten die Kriegsjahre die Beendigung der ersten Dieselschlepperproduktion. Als Rüstungsproduzent eingespannt, wurde auch Gottmadingen nicht von Bombenangriffen verschont und nach 1945 kam durch die Demontage sämtlicher Werkzeugmaschinen die gesamte Produktion zum Erliegen. Erst ab 1948 konnte der Bau von Traktoren wieder aufgenommen werden.

Mit neuer Kühlerfront

Den Einheitsschlepper F 22 hatte Fahr bis zum Jahr 1949 überarbeitet und unter der Typenbezeichnung D 22 mit einer auch äußerlich neu gestalteten Form auf den Markt gebracht. Die neu geformte Kühlermaske und das von der Zahradfabrik Friedrichshafen gelieferte A-15-Fünfganggetriebe, das zu den ersten erhältlichen Neukonstruktionen nach dem Krieg zählte, waren in den D 22 eingebaut. Wie schon vorher baute Fahr in den D 22 den wassergekühlten F-2-M-414-Deutz-Motor mit 22 PS ein. Die Zugkraft des bis 1951 gefertigten Schleppers betrug im ersten Gang 1959 Kilogramm. Als serienmäßige Ausstattung bekam man eine 6-V-Lichtanlage, eine Riemenscheibe, einen Fahr-Mähantrieb und ein Fahr-Mähwerk.

Fahr D 22

Hersteller:	**Maschinenfabrik Fahr AG, Gottmadingen**
Ausführung:	**Fahr D 22**
Gesamtserie:	**1032 Stück**
Technische Daten:	
Erstes Baujahr:	*1949*
Bauweise:	*rahmenlose Blockbauweise*
Motorart:	*2-Zylinder/4-Takt*
Höchstgeschwindigkeit:	*20 km/h*
Betriebsstoff:	*Diesel*
Kühlsystem:	*Wasserumlaufkühlung*
Leistung:	*16,1 kW (22 PS)*
Drehzahl:	*1500 U/min*
Getriebe:	*Fünfganggetriebe*
Hubraum:	*2198 ccm*
Gewicht:	*1680 kg*
Antrieb:	*Hinterradantrieb*

Fendt F15

Hersteller:	**Fendt & Co., Marktoberdorf**
Ausführung:	**Fendt Dieselross F 15**
Gesamtserie:	**8837 Stück (mit G, H)**
Technische Daten:	
Erstes Baujahr:	*1949*
Bauweise:	*rahmenlose Blockbauweise*
Motorart:	*1-Zylinder/4-Takt*
Höchstgeschwindigkeit:	*17 km/h*
Betriebsstoff:	*Diesel*
Kühlsystem:	*Umlaufkühlung mit Wasserpumpe*
Leistung:	*11 kW (15 PS)*
Drehzahl:	*1600 U/min*
Getriebe:	*Vierganggetriebe*
Hubraum:	*1153 ccm*
Gewicht:	*1150 kg*
Antrieb:	*Hinterradantrieb*

Auf der im Jahr 1949 in Hannover stattfindenden DLG-Landmaschinenausstellung hielt die Firma Fendt eine Überraschung bereit: das Dieselross F15, ein Bauern-Kleinschlepper, der die bestehende Produktpalette sinnvoll ergänzen sollte. Das Ende des Zweiten Weltkriegs, dessen Zerstörungen und Folgen damals noch überall zu sehen und zu spüren waren, lag gerade einmal vier Jahre zurück, und die Währungsreform legte den Grundstein für die folgenden Wirtschaftswunderjahre. Auf dem Land war verhältnismäßig wenig zerstört worden, sodass die Bauern schon bald wieder mit ihrer Arbeit beginnen konnten. Was ihnen fehlte, waren Traktoren, mit denen die dezimierten Bestände aufgefüllt und so die Felder erneut bestellt werden konnten.

Ein beliebter Bauernschlepper

Der F 15 war ein vielseitiger Bauernschlepper, der alle auf kleineren Höfen anfallenden Arbeiten wie Pflügen, Säen, Pflanzen und Ernten bewältigen konnte. Das erhältliche Zubehör war für einen Kleinschlepper dieser Größenordnung recht umfangreich. Es reichte von der Kotflügelsitzbank über Belastungsgewichte für Vorder- und Hinterräder bis hin zur seitlich angebrachten Weinberg-Seilwinde und einer Aufsteckraupe für die Hinterachse.

1949

Obwohl in der Industrie und in der Landwirtschaft viel beworben, war das Modell D 40 von Hela trotz der starken Zugkraft von 1600 Kilogram und mehr als 22 Tonnen Anhängelast hierzulande kaum verbreitet. Auch die Tatsache, dass sämtliche Fertigungsmaschinen und Werkzeuge von der französischen Armee als Reparationsleistungen abtransportiert worden waren, führten dazu, dass der MWM-Motor aus dem D-47-Programm eingebaut wurde anstatt des Zweizylinder-Deutz F2M 414.

Kugelgeschaltetes Vierganggetriebe

Mit dem Bau des Hela D 40 verzichtete Hermann Lanz auf die jahresgebundenen Typenbezeichnungen. Der D 40 verfügte über ein kugelgeschaltetes Vierganggetriebe mit spiralverzahnten Kegelrädern aus eigener Herstellung sowie über eine Pendelvorderachse. Die Vorwärtsgänge waren in den Geschwindigkeiten 3,7; 6,1; 10; 19,4 Stundenkilometer abgestuft. Mit dem Rückwärtsgang erreichte man 3,7 Stundenkilometer. Seine Bodenfreiheit betrug 340 Millimeter. Als Serienausstattung bekam man beim D 40 eine 6-V-Lichtanlage, eine handbetätigte Differenzialsperre sowie eine verstellbare Spurweite.

Hela D 40

Hersteller:	**Hermann Lanz, Aulendorf**
Ausführung:	**D 40**
Gesamtserie:	**60 Stück**
Technische Daten:	
Erstes Baujahr:	*1949*
Bauweise:	*rahmenlose Blockbauweise*
Motorart:	*2-Zylinder/4-Takt*
Höchstgeschwindigkeit:	*20 km/h*
Betriebsstoff:	*Diesel*
Kühlsystem:	*Wasserumlaufkühlung*
Leistung:	*16,1 kW (20 PS)*
Drehzahl:	*1500 U/min*
Getriebe:	*Vierganggetriebe*
Hubraum:	*2198 ccm*
Gewicht:	*1500 kg*
Antrieb:	*Hinterradantrieb*

1949

Hela D 47

Hersteller:	**Hermann Lanz, Aulendorf**
Ausführung:	**Hela D 47**
Gesamtserie:	**705 Stück**

Technische Daten:

Erstes Baujahr:	*1949*
Bauweise:	*rahmenlose Blockbauweise*
Motorart:	*2-Zylinder/4-Takt*
Höchstgeschwindigkeit:	*20 km/h*
Betriebsstoff:	*Diesel*
Kühlsystem:	*Wasserumlaufkühlung*
Leistung:	*16,1 kW (22 PS)*
Drehzahl:	*1500 U/min*
Getriebe:	*Fünfganggetriebe*
Hubraum:	*2356 ccm*
Gewicht:	*1600 kg*
Antrieb:	*Hinterradantrieb*

Sobald es die schlechten Nachkriegsverhältnisse zuließen, wurden bei Lanz in Aulendorf die ersten Schlepper unter der Typenbezeichnung D 47 gebaut. Dieser Traktor war weitgehendst identisch mit dem Einheitsblockbauschlepper D 40. Diese sehr soliden und einfachen Schlepper waren für die Feldarbeit oder den Staßentransport gut geeignet und in der bekannten guten Verarbeitungsqualität von Hela gebaut.

Blockbautraktor

Der D 47 war ein Blockbautraktor mit einem wassergekühlten, 22 PS starken Zweizylinder-MWM-Dieselmotor KD 215 Z. In der Serienausführung bekam man den D 47 mit einer Getriebezapfwelle, einer Riemenscheibe, einem Bosch-Signalhorn, einer handbetätigten Differenzialsperre, Einzelradlenkbremsen sowie einer 6-V-Beleuchtungsanlage. Die Hinterradkotflügel, den Mähantrieb, die Anhängeschiene und ein Anhängemaul vorne und hinten sowie Werkzeug waren ebenfalls serienmäßig dabei. Gegen Aufpreis waren ein elektrischer Anlasser und Vorglüheinrichtung, ein Mähwerk, eine Seilwinde, ein mechanischer Kraftheber mit Vierpunktaufhängung, ein Stahlschutzdach sowie eine verlängerte Ackerschiene zu bekommen.

1949

Die Gründung der Firma Otto Martin erfolgte 1922 in Benningen bei Memmingen durch Otto Martin. Die Hauptaufgabe war die Herstellung von Holzbearbeitungsmaschinen.
Im Jahr 1930 erfolgte der Umzug des Betriebes in das nahe gelegene Ottobeuren. Zu diesem Zeitpunkt kam die Produktion von Mehrkolben-Güllepumpen dazu. 1936 wurde der erste Schlepper hergestellt und am 3. Mai 1937 begann die serienmäßige Auslieferung. Das Reichswirtschaftsministerium initiierte bereits 1938 eine Zusammenarbeit zwischen den Firmen Martin und Fendt in Marktoberdorf. Die Kooperationspläne, die zu einem späteren Zeitpunkt auf mehr als 15 unterschiedliche Produzenten ausgeweitet werden sollten, zeigten, dass dieses Unterfangen von Anfang an unter keinem guten Stern stand.

Nur 67 Schlepper

1949 wurde der Kleinschlepper S 11 entwickelt. Der S 11 bekam den Deutz-MAH-914-Motor mit 11 PS. Das Getriebe und das Lenkgetriebe wurden von der Firma ZF verwendet. Alle weiteren Einheiten, außer Reifen und Elektrik, kamen aus eigener Fertigung. Der 5700 Mark teure Schlepper wurde bis zum 18. Oktober 1950 in einer Stückzahl von 67 Fahrzeugen gebaut.

Martin S 11

Hersteller:	**Otto Martin AG, Ottobeuren**
Ausführung:	**Martin S 11**
Gesamtserie:	**67 Stück**
Technische Daten:	
Erstes Baujahr:	*1949*
Bauweise:	*rahmenlose Blockbauweise*
Motorart:	*1-Zylinder/4-Takt*
Höchstgeschwindigkeit:	*14 km/h*
Betriebsstoff:	*Diesel*
Kühlsystem:	*Wasserverdampfungskühlung*
Leistung:	*8 kW (11 PS)*
Drehzahl:	*1500 U/min*
Getriebe:	*Vierganggetriebe*
Hubraum:	*1099 ccm*
Gewicht:	*1270 kg*
Antrieb:	*Hinterradantrieb*

Ritscher 420

Hersteller:	**Karl Ritscher GmbH, Sprötze**
Ausführung:	**Ritscher 420**
Gesamtserie:	**140 Stück**

Technische Daten:

Erstes Baujahr:	*1949*
Bauweise:	*rahmenlose Blockbauweise*
Motorart:	*2-Zylinder/4-Takt*
Höchstgeschwindigkeit:	*18,5 km/h*
Betriebsstoff:	*Diesel*
Kühlsystem:	*Wasserumlaufkühlung*
Leistung:	*16,1 kW (22 PS)*
Drehzahl:	*1500 U/min*
Getriebe:	*Vierganggetriebe*
Hubraum:	*2356 ccm*
Gewicht:	*1550 kg*
Antrieb:	*Hinterradantrieb*

Nach Kriegsende wurde die Produktion bei Ritscher auf Vierradschlepper umgestellt, da sich beim Pflügen die Dreiradversion nicht bewährt hatte. Das erste Modell dieser Art war der Ritscher Typ 420, ein mit entsprechender Vorderachse zum Vierradtraktor umgebauter Dreiradtraktor.

Nur ein Jahr gebaut

Als absolute Sensation kündigte Ritscher den Vierradschlepper des Typs 420 an, der ab Mai 1949 schließlich in Serie gehen sollte, aber dann doch nur ein Jahr gebaut wurde. So sensationell war das Modell nun auch wieder nicht, aber dennoch sicherlich eine notwendige Entwicklung für Ritscher, um auf dem von der Konkurrenz stark bedrängten Schleppermarkt bestehen zu können. Mit einem Verkaufspreis von 8200 DM lag der Grundpreis nur unwesentlich über dem des Dreiradtraktors. Die Spurweite war stufenlos verstellbar wie beim Ritscher 320 von 1250 bis 1800 Millimeter. Die Bodenfreiheit war dank der gekröpften Vorderachse mit 480 Millimetern sehr hoch. Nur bei der Wendigkeit mussten Abstriche hingenommen werden, denn der Wendekreis war einen Meter größer als beim Dreiradschlepper.

Schon im Jahr 1936 bagann der Wagenbauer Ignatz Sulzer mit dem Bau eines Schleppers. Beim in bescheidenem Rahmen reichlich improvisierten Schlepperbauen verbaute man alles, was von den Zulieferern zu bekommen war. Verschiedene Motoren, Getriebe, Kühler, Achsen, Lenkungen, Räder oder Blechteile mussten für die Sulzer-Produktion herhalten. So war es nicht verwunderlich, dass nur wenige Modelle aus einer Serie gleich waren. Wichtig für Sulzer war, dass die Kundenwünsche bezüglich Preis und Ausstattung erfüllt wurden. So konnten auch einige Händler ihre eigenen Firmennamen statt des Firmenlogos „Sulzer" verwenden.

Schlepperkonfektionär

In den Sulzer-Schlepper S 22 W wurde zum Beispiel das Renk-Getriebe SG 22-5 der Zahnradfabrik Augsburg eingebaut. Von den 15 ausgelieferten Schleppern des Jahres 1949, insgesamt wurden 1949 also 31 Schlepper ausgeliefert, hatten elf Schlepper einen MWM-Motor und vier einen Deutz-Motor. Ignatz Sulzer hatte einen guten Überblick über den Schleppermarkt und seine technischen Trends. So war die Firma Sulzer geradezu das Lehrbeispiel eines typischen Schlepperkonfektionärs.

Sulzer S 22 W

Hersteller:	**Ignatz Sulzer Fahrzeugbau, Harthausen bei Friedberg**
Ausführung:	**Sulzer S 22 W**
Gesamtserie:	**keine Angabe**
Technische Daten:	
Erstes Baujahr:	*1949*
Bauweise:	*rahmenlose Blockbauweise*
Motorart:	*2-Zylinder/4-Takt*
Höchstgeschwindigkeit:	*18 km/h*
Betriebsstoff:	*Diesel*
Kühlsystem:	*Wasserumlaufkühlung*
Leistung:	*18,3 kW (25 PS)*
Drehzahl:	*1550 U/min*
Getriebe:	*Fünfganggetriebe*
Hubraum:	*2200 ccm*
Gewicht:	*1820 kg*
Antrieb:	*Hinterradantrieb*

1949

VEB RS 03/30 Aktivist

Hersteller:	**VEB Brandenburger Traktorenwerk**
Ausführung:	**RS 03/30 Aktivist**
Gesamtserie:	**3761 Stück (alle Ausführungen)**
Technische Daten:	
Erstes Baujahr:	*1949*
Bauweise:	*rahmenlose Blockbauweise*
Motorart:	*2-Zylinder/4-Takt*
Höchstgeschwindigkeit:	*17,8 km/h*
Betriebsstoff:	*Diesel*
Kühlsystem:	*Wasserumlaufkühlung*
Leistung:	*22 kW (30 PS)*
Drehzahl:	*1500 U/min*
Getriebe:	*Vierganggetriebe*
Hubraum:	*3324 ccm*
Gewicht:	*2250 kg*
Antrieb:	*Hinterradantrieb*

Genau wie in den westlichen Landesteilen Deutschlands wurden auch in der sowjetischen Besatzungszone und in der späteren DDR Traktoren gebaut. Nach der im Jahr 1945 entschädigungslosen Enteignung aller dort ansässigen Betriebe wurde der Schlepperbau 1946 zu den Volkseigenen Betrieben (VEB) erklärt. Im Jahr 1948 fasst man alle Fahrzeug- und Motorenfabriken unter dem Begriff Industrieverband Fahrzeugbau „IFA“ zusammen.

Eigenwilliges Erscheinungsbild

Nach dem Radschlepper Pionier und dem unter dem Namen Brockenhexe bekannten Schlepper war der 30-PS-Schlepper Aktivist der dritte gebaute Traktortyp. Damit kam ein weiterer Radschlepper für die ostdeutsche Landwirtschaft in Sichtweite, um die Lücke zwischen Brockenhexe und Pionier zu füllen. Der Aktivist mit seinem extrem kurzen Radstand und seinem relativ hohen Aufbau vermittelte ein eigenwilliges und gedrungenes Erscheinungsbild. Gerade noch rechtzeitig zur Leipziger Frühjahrsmesse im Jahr 1949 konnte das erste Modell fertiggestellt werden. Da er verschiedene Mängel hatte, wurde sein Bau bereits 1952 beendet.

Für eine Sensation auf der 40. DLG-Ausstellung in Frankfurt im Jahr 1950 sorgte ein kleiner Schlepper der Firma Allgaier. Obwohl unscheinbar wirkend, vermochte der auf dem Volksschlepper von Ferdinand Porsche basierende AP 17 (AP = Allgaier, System Porsche) sämtliche Gemüter der Landmaschinen-Presse zu erregen.

Ein Leichtgewicht

Die Luftkühlung und der aus einer leichten Aluminiumlegierung hergestellte Motor- und Getriebeblock stahlen den Herstellern der großen Schlepper die Schau. Die ölhydraulische Kupplung mit dem Fünfganggetriebe und sein konkurrenzlos günstiger Preis von 4450 DM sorgten dafür, dass sich die Auftragsbücher füllten und die Preise bei den Schleppern dieser Leistungsklasse ins Wanken brachte. Der Allgaier AP 17 war mit 950 Kilogramm ein Leichtgewicht unter den Schleppern, der nicht nur für den Kleinbetrieb, sondern auch als Zweit- und Pflegeschlepper für den Großbetrieb für alle Arbeiten einsetzbar war. Als Serienausstattung konnte man den AP 17 mit elektrischem Anlasser, Spurverstellung, Portalachsen mit großer Bodenfreiheit und hydraulischer Anfahrturbokupplung bekommen.

Allgaier AP 17

Hersteller:	**Allgaier Werke, Uhingen**
Ausführung:	**Allgaier AP 17**
Gesamtserie:	**9000 Stück**
Technische Daten:	
Erstes Baujahr:	*1950*
Bauweise:	*rahmenlose Blockbauweise*
Motorart:	*2-Zylinder/4-Takt*
Höchstgeschwindigkeit:	*25 km/h*
Betriebsstoff:	*Diesel*
Kühlsystem:	*Luft mit Radialgebläse*
Leistung:	*13,2 kW (18 PS)*
Drehzahl:	*2000 U/min*
Getriebe:	*Fünfganggetriebe*
Hubraum:	*1374 ccm*
Gewicht:	*950 kg*
Antrieb:	*Hinterradantrieb*

Hanomag R 45

Hersteller:	**Hannoversche Maschinenbau AG, Hannover**
Ausführung:	**Hanomag R 45**
Gesamtserie:	**8933 Stück**
Technische Daten:	
Erstes Baujahr:	*1950*
Bauweise:	*rahmenlose Blockbauweise*
Motorart:	*4-Zylinder/4-Takt*
Höchstgeschwindigkeit:	*17,3 km/h*
Betriebsstoff:	*Diesel*
Kühlsystem:	*Wasserumlaufkühlung*
Leistung:	*33,1 kW (45 PS)*
Drehzahl:	*1200 U/min*
Getriebe:	*Fünfganggetriebe*
Hubraum:	*5702 ccm*
Gewicht:	*3220 kg*
Antrieb:	*Hinterradantrieb*

An Fahrzeugen fehlte es nach dem Krieg überall, sodass die schweren Radschlepper neben Einsätzen auf dem Feld, im Wald und auf der Straße nicht nur zu Arbeiten im Nahbereich, sondern auch im Fernverkehr herangezogen wurden. Obwohl der Hanomag R 40 ein sehr zugstarker Schlepper war, wurde er doch oft über seine Leistungsgrenzen hinaus beansprucht, sodass Überlastungen an der Tagesordnung waren. Dem Wunsch nach einem stärkeren, 45 PS starken Schlepper entsprach Hanomag mit dem R 45.

Zugstarker Schlepper

Der Hanomag R 45 war als einer der ersten Hanomag-Traktoren mit einem hydraulischen Dreipunktkraftheber von Bosch oder Teves ausgerüstet. Er verfügte über eine Hubkraft von 1400 Kilogramm. Durch sein Eigengewicht von 3220 Kilogramm, das gut abgestimmte Getriebe und den kräftigen Vierzylinder-Dieselmotor wurde eine maximale Zughakenkraft von 3435 Kilogramm erreicht. Im fünften Gang konnte er eine Anhängelast von 22 Tonnen bewältigen. Nicht nur im landwirtschaftlichen Bereich, sondern auch bei großen Straßentransporten war der R 45 in seinem Element.

RUMELY
OILPULL
TRACTOR

1950

Zu Anfang der 1950er-Jahre erfreuten sich die formschönen Schlepper der Firma Normag großer Beliebtheit. So wurden die kleinen Normag-Schlepper nicht nur im westlichen Ausland verkauft, auch in außereuropäischen Regionen waren die Zulassungen beachtlich.

Optimale Arbeitsgeschwindigkeiten

Abgesehen von der Baugröße und der Zugleistung entsprachen die Normag-Faktor-II-Modelle in ihren wesentlichen Bauelementen und Eigenschaften dem kleineren Modell Faktor I. Der Normag NG 20b entwickelte 1343 Kilogramm Zugkraft am Haken und konnte mit einem Zweischarpflug auch auf schweren Böden eingesetzt werden. Auf Wunsch konnte das serienmäßig vorhandene Fünfganggetriebe mit einer Kriechganguntersetzerstufe nachgerüstet werden. Dadurch stand für jede Aufgabe, vom Kriechgang für Pflanzmaschinen und Bodenfräsarbeiten bis zum schnellen Straßentransport, die optimale Arbeitsgeschwindigkeit zur Verfügung. Die niedrigste Bodenfreiheit der Faktor-II-Modelle betrug 425 Millimeter. Zur Geräteaushebung stand ein mechanischer, höhenverstellbarer Normschwingrahmen von Normag zur Verfügung.

Normag NG 20b Faktor II

Hersteller:	**Nordhäuser-Maschinenfabrik, Nordhausen/Harz**
Ausführung:	**Normag NG 20b Faktor II**
Gesamtserie:	**keine Angabe**
Technische Daten:	
Erstes Baujahr:	*1950*
Bauweise:	*rahmenlose Blockbauweise*
Motorart:	*2-Zylinder/4-Takt*
Höchstgeschwindigkeit:	*22 km/h*
Betriebsstoff	*Diesel*
Kühlsystem:	*Wasserumlaufkühlung*
Leistung:	*14,7 kW (20 PS)*
Drehzahl:	*1500 U/min*
Getriebe:	*Fünfganggetriebe*
Hubraum:	*2125 ccm*
Gewicht:	*1385 kg*
Antrieb:	*Hinterradantrieb*

1950

Schlüter DS 15

Hersteller:	**Anton Schlüter GmbH, München-Freising**
Ausführung:	**Schlüter DS 15**
Gesamtserie:	**4212 Stück**
Technische Daten:	
Erstes Baujahr:	*1950*
Bauweise:	*rahmenlose Blockbauweise*
Motorart:	*1-Zylinder/4-Takt*
Höchstgeschwindigkeit:	*15 km/h*
Betriebsstoff:	*Diesel*
Kühlsystem:	*Wasserumlaufkühlung*
Leistung:	*11 kW (15 PS)*
Drehzahl:	*1500 U/min*
Getriebe:	*Vierganggetriebe*
Hubraum:	*1595 ccm*
Gewicht:	*1490 kg*
Antrieb:	*Hinterradantrieb*

Um auch Kleinbetrieben ein passendes Fahrzeuge anbieten zu können, wurde bei den Schlüter-Werken in Freising ab Februar 1950 mit dem Bau eines Schleppers mit Einzylindermotor begonnen. Der Schlüter DS 15 mit 15 PS war gerade rechtzeitig zu der in den 1950er-Jahre beginnenden Landwirtschaftsmotorisierung erschienen.

Reichhaltiges Zubehör

Den Schlüter DS 15 konnte man mit unterschiedlichen Getriebevarianten bekommen, das war zu dieser Zeit auch bei anderen Herstellern üblich. Das Vierganggetriebe von ZA und ZF wurde beim DS 15 nur in kleineren Stückzahlen eingebaut, bis es durch die fünfgängige Ausführung von Hurth oder ZF ersetzt wurde. Der DS 15 war sozusagen die verkleinerte Ausführung des DS 25. Er war ihm auch äußerlich sehr ähnlich. Zur Serienausstattung ab Werk gehörten wie beim DS 25 neben der Zapfwelle die Riemenscheibe, Lenkbremsen, Differenzialsperre, eine Anhängevorrichtung vorne und hinten eine 12-V-Lichtanlage sowie eine Ackerschiene. Ein Allwetterverdeck mit Windschutzscheibe und Scheibenwischer oder ein geschlossenes Fahrerhaus war gegen Aufpreis zu haben.

Nach Kriegsende dachten die Hersteller bei Bautz über die Wiederaufnahme des Schlepperbaus nach. Die Unternehmensleitung hatte dabei ganz richtig erkannt, dass bei der Neukonstruktion eine Abkehr von der bis dahin nur in wenigen Prototypen realisierten Konzeption des 20-PS-Bauernschleppers geboten war. Nach dem Wegfall der großen Güter im Osten war die Größe der Bauernhöfe in der Bundesrepublik zurückgegangen. Die Versorgung vor allem dieser Betriebe mit kleinen und preiswerten Schleppern war das Gebot der Stunde. So wurde im Jahr 1948 schließlich mit der Entwicklung eines Kleintraktors begonnen.

Einsatz als Grünlandschlepper

Mit dem AS 120 konnte Bautz auf Anhieb einen großen Erfolg landen. Dies war umso erstaunlicher, da es sich hierbei um den ersten Traktor in eigener Konstruktion handelte. 1953 konnte mit 1585 neu zugelassenen Traktoren immerhin der zwölfte Platz bei den Marktanteilen erreicht werden. Der im Laufe seiner zehnjährigen Bauzeit im Rahmen der Modellpflege ständig der fortschreitenden Entwicklung angepasste AS 120 bewährte sich in seinem Einsatzbereich hervorragend.

Bautz AS 120

Hersteller:	**Josef Bauz GmbH, Saulgau**
Ausführung:	**Bautz AS 120**
Gesamtserie:	**11.682 Stück**
Technische Daten:	
Erstes Baujahr:	*1951*
Bauweise:	*rahmenlose Blockbauweise*
Motorart:	*2-Zylinder/4-Takt*
Höchstgeschwindigkeit:	*15,4 km/h*
Betriebsstoff:	*Diesel*
Kühlsystem:	*Umlaufkühlung mit Wasserpumpe*
Leistung:	*8,8 kW (12 PS)*
Drehzahl:	*1750 U/min*
Getriebe:	*Vierganggetriebe*
Hubraum:	*1250 ccm*
Gewicht:	*830 kg*
Antrieb:	*Hinterradantrieb*

1951

Fahr D 25

Hersteller:	**Maschinenfabrik Fahr AG, Gottmadingen**
Ausführung:	**Fahr D 25**
Gesamtserie:	**2291 Stück (alle Ausführungen)**
Technische Daten:	
Erstes Baujahr:	*1951*
Bauweise:	*rahmenlose Blockbauweise*
Motorart:	*2-Zylinder/4-Takt*
Höchstgeschwindigkeit:	*19,8 km/h*
Betriebsstoff:	*Diesel*
Kühlsystem:	*Wasserumlaufkühlung*
Leistung:	*18,3 kW (25 PS)*
Drehzahl:	*1500 U/min*
Getriebe:	*Fünfganggetriebe*
Hubraum:	*2198 ccm*
Gewicht:	*1880 kg*
Antrieb:	*Hinterradantrieb*

Die Firma Fahr in Gottmadingen hatte den 1942 so hoffnungsvoll begonnenen Bau des ersten Dieselschleppers F22/T22, wie so viele andere Hersteller auch, einstellen müssen, um die Produktion von Holzgasschleppern aufzunehmen. Auch wurde sie verstärkt bei der Rüstungsproduktion eingespannt.

Großes Tankvolumen

Der bis 1951 gefertigte Fahr D 22 wurde im gleichen Jahr durch den leistungsmäßig auf 25 PS aufgewerteten D 25 ersetzt. Diesen Traktor gab es sowohl mit dem Fünfgang-A15-Getriebe als auch in der Hochradausführung H mit dem ebenso fünfgängigen F12-Getriebe aus eigener Herstellung. Das Nachfolgemodell des D 22, der D 25, unterschied sich durch die staubdicht gekapselte Vorderachsen-Schraubenfederung sowie das von 35 auf 52 Liter erhöhte Tankvolumen. Als serienmäßiges Zubehör war der Fahr D 25 mit einer eingebauten 12-V-Licht- und -Anlasseranlage ausgestattet. Die Zugkraft am Haken betrug in der ersten Gangstufe 1150 Kilogramm, während als maximale Zugleistung auf ebener Strecke 18 Tonnen bewegt werden konnten. Für Kultur- und Pflegearbeiten war der Schlepper mit einer sehr nützlichen Kriechgangstufe ausgerüstet.

1951

Auf dem AF 20 von Güldner, der mit der Standardausführung des ZF-Fünfganggetriebes A 15 ausgerüstet war, entstand 1951 das verbesserte Modell ADA. Durch eine entsprechende Portalausführung wurde bei diesem Modell die Bodenfreiheit erhöht.

Mit gedrosselter Geschwindigkeit

Der Güldner ADA besaß den Zweizylinder-Wirbelkammer-Dieselmotor mit der Bezeichnung 2 DA von Güldner, der bei 22 PS Leistung mit einer Höchstgeschwindigkeit von 20 km/h fahren konnte. Der erste Gang des Fünfganggetriebes konnte bei gedrosselter Geschwindigkeit auf 1,5 Stundenkilometer reduziert werden. Diese Reduzierung war bei Saat- und Pflegearbeiten in Reihenkulturen für den Landwirt sehr wichtig. Eine pendelnd aufgehängte, querblattgefederte Vorderachse sorgte für einen angenehmen Fahrkomfort auch auf unebenen Ackerflächen. Zur Serienausstattung gehörten neben einer Getriebezapfwelle eine Anhängeschiene, eine Licht- und Anlassanlage sowie eine Differenzialsperre. Diese Ausstattung entsprach auch dejenigen der in dieser Leistungsklasse gebauten Schlepper. Nur mit Aufpreis waren ein Mähantrieb und Mähwerk, eine Riemenscheibe, die Druckbremsanlage und der Dreipunktkraftheber zu haben.

Güldner ADA

Hersteller:	**Güldner Motoren-Werke, Aschaffenburg**
Ausführung:	**Güldner ADA**
Gesamtserie:	**2748 Stück**
Technische Daten:	
Erstes Baujahr:	*1951*
Bauweise:	*rahmenlose Blockbauweise*
Motorart:	*2-Zylinder/4-Takt*
Höchstgeschwindigkeit:	*20 km/h*
Betriebsstoff:	*Diesel*
Kühlsystem:	*Wasserumlaufkühlung*
Leistung:	*16,1 kW (22 PS)*
Drehzahl:	*1800 U/min*
Getriebe:	*Fünfganggetriebe*
Hubraum:	*1630 ccm*
Gewicht:	*1325 kg*
Antrieb:	*Hinterradantrieb*

Hanomag R 28

Hersteller:	**Hannoversche Maschinenbau AG, Hannover**
Ausführung:	**Hanomag R 28**
Gesamtserie:	**5457 Stück**
Technische Daten:	
Erstes Baujahr:	*1951*
Bauweise:	*Halbrahmenbauweise*
Motorart:	*4-Zylinder/4-Takt*
Höchstgeschwindigkeit:	*18 km/h*
Betriebsstoff:	*Diesel*
Kühlsystem:	*Wasserumlaufkühlung*
Leistung:	*20,5 kW (28 PS)*
Drehzahl:	*1500 U/min*
Getriebe:	*Fünfganggetriebe*
Hubraum:	*2799 ccm*
Gewicht:	*1860 kg*
Antrieb:	*Hinterradantrieb*

Wie in ähnlicher Art auch bei anderen Traktorenherstellern bedeutete die Nachkriegszeit auch für Hanomag den wirtschaftlichen Aufschwung. Deshalb konzentrierte man sich auf den Bau von Ackerschleppern und leichten Lastkraftwagen.

Zehn Vorwärts- und zwei Rückwärtsgänge

1951 ersetzte die Firma Hanomag das Modell R 25 durch den etwas stärkere R 28. Auch in technischer Hinsicht entsprach das neue Fahrzeug weitgehend seinem Vorläufer. Ein wesentlicher Unterschied war das Hanomag-Fünfganggetriebe, das nun wahlweise mit einem Kriechgangvorgelege in dem Geschwindigkeitsbereich von 1,05 bis 5,2 Stundenkilometern sowie mit einer Schnellgangausführung für maximal 25,2 Stundenkilometer erhältlich war. Die Kriechganggruppe erwies sich für Kultur- und Pflegearbeiten als überaus nützlich, und so ausgerüstet standen dem Landwirt zehn Vorwärts- und zwei Rückwärtsgänge zur Verfügung. Den R 28 gab es auch in der Hochradausführung A als Allzweckschlepper sowie als Modell B mit kleineren Hinterrädern als Standardtraktor. Als Sonderausrüstung bekam man die seitlich oder hinten angeordnete Riemenscheibe, Mähbalken und ein Verdeck mit Windschutzscheibe und Scheibenwischer.

Bis zum Jahr 1952 war der D 47 bei der Firma Hela im Programm. Diesen äußerst robusten und soliden Schlepper, nahm die Firma Hela als Grundlage dafür, um einen weiteren, stärkeren Traktor anbieten zu können.

Stärkere Motorisierung

Bereits ab 1947 konnte die Süddeutsche Bremsen AG aus München den 28 PS starken Dieselmotor TD 15 zur Verfügung stellen. Dieser Motor wurde dann in den D 47 eingebaut und fortan als D 28 bezeichnet. Das Äußere war mit dem 22/25-PS-Schlepper fast identisch. Nur das größere Gewicht des schweren Motors hatte ein höheres Schleppergewicht zur Folge. Als Triebwerk kam das auch im Hela D 47 verwendete, ähnlich übersetzte fünfgängige Lanz-Schubradgetriebe zum Einsatz. Ein weiterer Schlepper für die mittleren und größeren Höfe war mit diesem Modell lieferbar. Der Hela D 28 fand aber nicht nur in der Landwirtschaft, sondern auch in der Forstwirtschaft oder als Verkehrsschlepper Verwendung. Die Leistungen am Zughaken betrugen 1100 Kilogramm im ersten Gang und die Anhängelast in der Ebene mehr als 15 Tonnen. Es konnten ein Stahlschutzdach sowie ein Dieteg-Allwetterverdeck bestellt werden.

Hela D 28

Hersteller:	**Hermann Lanz, Aulendorf**
Ausführung:	**Hela D 28**
Gesamtserie:	**140 Stück**
Technische Daten:	
Erstes Baujahr:	*1951*
Bauweise:	*rahmenlose Blockbauweise*
Motorart:	*2-Zylinder/4-Takt*
Höchstgeschwindigkeit:	*20 km/h*
Betriebsstoff:	*Diesel*
Kühlsystem:	*Wasserumlaufkühlung*
Leistung:	*20,5 kW (28 PS)*
Drehzahl:	*1500 U/min*
Getriebe:	*Fünfganggetriebe*
Hubraum:	*2850 ccm*
Gewicht:	*1800 kg*
Antrieb:	*Hinterradantrieb*

1951

Ruhrstahl B 11

Hersteller:	**Ruhrstahl AG, Witten/Ruhr**
Ausführung:	**Ruhrstahl B 11**
Gesamtserie:	**keine Angabe**

Technische Daten:

Erstes Baujahr:	*1951*
Bauweise:	*rahmenlose Blockbauweise*
Motorart:	*2-Zylinder/4-Takt*
Höchstgeschwindigkeit:	*16 km/h*
Betriebsstoff:	*Diesel*
Kühlsystem:	*Wasserumlaufkühlung*
Leistung:	*14,7 kW (20 PS)*
Drehzahl:	*1800 U/min*
Getriebe:	*Vierganggetriebe*
Hubraum:	*1590 ccm*
Gewicht:	*1467 kg*
Antrieb:	*Hinterradantrieb*

Die an verschiedenen Betriebsstätten und in unterschiedlichen Werken tätige, 1930 gegründete Ruhrstahl AG war nach dem Zweiten Weltkrieg ein bedeutender Produzent von Rohstahl. Die Militärregierung der Alliierten machte allerdings so strikte Auflagen, dass das Unternehmen kein Betätigungsfeld mehr hatte. Aus diesem Grund versuchte man, im landwirtschaftlichen Bereich tätig zu werden. In Witten wurde nun zwischen der Ruhrstahl AG und Heinrich Hildebrand verhandelt, bis es schließlich zur Einigung darüber kam, dass die Ruhrstahl AG die Fahrzeugkonzepte von Hildebrand umsetzen sollte.

Für den Ein-Mann-Betrieb

Die Realisierung des Vorhabens übernahm Dipl.-Ing. Fritz Simbriger, der sehr enge Vorgaben machte, da das Fahrzeug unbedingt eine Ein-Mann-Bedienung ermöglichen sollte. Es sollten Schnellkupplungen bei den Geräten zum Einsatz kommen, damit ein einzelner Arbeiter mit einem Werkzeug alle Geräte umbauen und umrüsten konnte. Deshalb musste auch die Hydraulik ausreichend dimensioniert werden, damit die im Durchschnitt drei Meter breiten Arbeitsgeräte ohne Probleme gehoben, gesenkt und gedrückt werden konnten.

Im Jahr 1950 hatte die Firma Bautz aus Saulgau den wassergekühlten Kleinschlepper AS 120 erfolgreich verkauft. Aber dem zunehmenden Wunsch der Kundschaft nach luftgekühlten Motoren trug man mit dem Modell AS 122 Rechnung.

Luftgekühlter Motor

Der Bautz AS 122 wurde mit dem Einzylindermotor von MWM bestückt. Ein wesentlicher Unterschied zum AS 120 bestand darin, dass der Motor des AS 122 eine etwa 200 U/min höhere Drehzahl aufwies. Neben dem Kupplungsgehäuse musste, um das auf der linken Seite vorhandene Kühlgebläse unterbringen zu können, auch die Motorhaube geändert werden. Dieses Bauteil war es auch, das den äußerlichen Unterschied zwischen dem AS 122 und dem AS 120 ausmachte. Die beiden Fahrzeuge waren gewichtsmäßig gleich und auch die Ausstattung unterschied sich kaum voneinander. So war auch das Fünfganggetriebe von Bautz ab 1954 in beide Modelle eingebaut worden. Zur Erhöhung der Zugkraft konnte beim AS 122 die nur schwach belastete Vorderachse durch zusätzliche Gewichte verstärkt werden. Dieser Kleinschlepper wurde aber während seiner siebenjährigen Bauzeit nur in 2635 Einheiten gebaut.

Bautz AS 122

Hersteller:	**Josef Bautz GmbH, Saulgau**
Ausführung:	**Bautz AS 122**
Gesamtserie:	**2635 Stück**
Technische Daten:	
Erstes Baujahr:	*1952*
Bauweise:	*rahmenlose Blockbauweise*
Motorart:	*1-Zylinder/4-Takt*
Höchstgeschwindigkeit:	*15 km/h*
Betriebsstoff:	*Diesel*
Kühlsystem:	*Luft mit Axialgebläse*
Leistung:	*8,8 kW (12 PS)*
Drehzahl:	*2000 U/min*
Getriebe:	*Vierganggetriebe*
Hubraum:	*905 ccm*
Gewicht:	*980 kg*
Antrieb:	*Hinterradantrieb*

1952

Hela D 12	
Hersteller:	**Hermann Lanz, Aulendorf**
Ausführung:	**Hela D 12**
Gesamtserie:	**W: 2700/L: 2700 Stück**
Technische Daten:	
Erstes Baujahr:	*1952*
Bauweise:	*rahmenlose Blockbauweise*
Motorart:	*1-Zylinder/4-Takt*
Höchstgeschwindigkeit:	*20 km/h*
Betriebsstoff:	*Diesel*
Kühlsystem:	*Wasser- und Luftkühlung*
Leistung:	*8,8 kW (12 PS)*
Drehzahl:	*2000 U/min*
Getriebe:	*Fünfganggetriebe*
Hubraum:	*W: 850, L: 905 ccm*
Gewicht:	*W: 1185/L: 1155 kg*
Antrieb:	*Hinterradantrieb*

Zu Beginn der 1950er-Jahre hatte die Firma Hermann Lanz in Aulendorf im Schlepperprogramm den Bereich von 15 bis 40 PS abgedeckt. Nur ein Kleinschlepper im unteren Leistungsbereich fehlte bis dahin noch. Gerade solche Kleinschlepper waren im Zuge der Motorisierung der Landwirtschaft zu dieser Zeit besonders gefragt.

Motorenneuentwicklung

Im März 1952 wurde nun ein kleiner, wendiger 12-PS-Schlepper mit wassergekühltem Einzylinder-Dieselmotor von MWM vorgestellt. In stehender Bauweise war der Viertaktmotor des Typs KD 12 E, das „E“ stand für Einzylinder, ausgebildet. Er war eine soeben erst von den Mannheimer Motoren-Werken vorgestellte Neuentwicklung. Der Schlepper hatte ein Leergewicht von 1185 Kilogramm und war damit verhältnismäßig leicht, was beim Einsatz von Pflanz- und Pflegearbeiten oder beim Gemüseanbau sehr von Vorteil war. Er verfügte über ein Zahnradschubgetriebe von Hela in Portalbauweise mit fünf Vorwärtsgängen und einem Rückwärtsgang. Diese Getriebebauart bot gleichzeitig die Möglichkeit, den Traktor als Standard- oder Allzweckschlepper mit hoher Hinterradbereifung auszuführen.

Der Typ D 2806 entstand zusätzlich zu den im November 1952 vorgestellten Modellen mit Halbdiesel-Mitteldruckmotor und war der direkte Nachfolger des Allzweckbulldogs D 7506 aus der Typenreihe HN 3. Er stellte aber gleichzeitig eine neue Leistungsklasse dar. So waren auch die hohe, serienmäßig vorhandene Allzweck-Hinterradbereifung mit Speichengröße 9-42 sowie seine Vorderräder mit dem D 7506 identisch. Auch der Gesamtaufbau ähnelte diesem sehr.

Neue Leistungsklasse

Der neue Motor wurde mit Benzin gestartet, wobei der Zündfunke von einer im Zylinderkopf vorhandenen Zündkerze erzeugt wurde. Beim erneuten Starten des Motors war es wichtig, den Motor wenige Minuten vor dem Abstellen auf Benzinbetrieb umzustellen und die Zündspule einzuschalten, damit sich auch Benzin in der Leitung befand. Wurde das nicht beachtet, quittierte es der Motor, indem er laute, knallende Fehlzündungen machte. Als Serienausstattung brachte der Lanz D 2806 eine komplette Beleuchtungsanlage, eine Getriebezapfanlage, Vierpunkt-Normschwingrahmen, Riemenscheibe und Werkzeug mit.

Lanz Typ HN – D 2806

Hersteller:	**Heinrich Lanz AG, Mannheim**
Ausführung:	**Lanz Typ HN D 2806**
Gesamtserie:	**8500 Stück**
Technische Daten:	
Erstes Baujahr:	*1952*
Bauweise:	*rahmenlose Blockbauweise*
Motorart:	*1-Zylinder/2-Takt*
Höchstgeschwindigkeit:	*18,5 km/h*
Betriebsstoff:	*Diesel*
Kühlsystem:	*Wasser Thermosyphonkühlung*
Leistung:	*20,5 kW (28 PS)*
Drehzahl:	*850 U/min*
Getriebe:	*2 x 3 Gänge*
Hubraum:	*3720 ccm*
Gewicht:	*2100 kg*
Antrieb:	*Hinterradantrieb*

1952

MAN AS 440 A

Hersteller:	**MAN AG, München**
Ausführung:	**MAN AS 440 A**
Gesamtserie:	**2385 Stück**

Technische Daten:

Erstes Baujahr:	*1952*
Bauweise:	*rahmenlose Blockbauweise*
Motorart:	*4-Zylinder/4-Takt*
Höchstgeschwindigkeit:	*27 km/h*
Betriebsstoff:	*Diesel*
Kühlsystem:	*Wasserumlaufkühlung*
Leistung:	*29,3 kW (40 PS)*
Drehzahl:	*2000 U/min*
Getriebe:	*Sechsganggetriebe*
Hubraum:	*2925 ccm*
Gewicht:	*2000 kg*
Antrieb:	*Allradantrieb*

Bei MAN wurde aufgrund der gestiegenen Motorleistungen ein stärker dimensionierter Vorderachsantrieb mit neuer Gabelvorderachse entwickelt und ab Herbst 1952 für die Allradschlepper ab 30 PS eingeführt. Zusätzlich zum neuen Allradantrieb wurden in diesen Schleppern nun auch das verstärkte Sechsganggetriebe A 15 V der Zahnradfabrik Friedrichshafen installiert. Durch diese Maßnahme entstanden aus den Typen AS 330 A+H die Modelle AS 430 A+H. Zusätzlich entstand unter Verwendung des gleichen Getriebes das Modell AS 440 A+H, also wahlweise mit Allrad- oder Hinterradantrieb.

Reduziergetriebe

Eine Besonderheit des MAN AS 440 A war das Reduziergetriebe, das einerseits die Zapfwellendrehzahl von 735 U/min auf 550 U/min, andererseits aber auch die Motordrehzahl auf 1500 U/min verringern konnte, was einer Leistung von etwa 30 PS entsprach. Mittels dieses Vorschaltgetriebes konnte der Fahrer unter Vorwärtsgängen wählen. Der AS 440, der bis zum Jahr 1955 gefertigt wurde, war serienmäßig mit Differenzialsperre, elektrischer 12-V-Beleuchtungs- und Anlassanlage mit Vorglüheinrichtung sowie Betriebsstundenzähler ausgerüstet.

Um sich von der weitgehenden Baugleichheit der damals in großer Zahl überwiegend von Kleinbetrieben gefertigten Konfektionsschlepper abzuheben, hielt es Firmeninhaber Johannes Köhler für unerlässlich, einen eigenen Dieselmotor zu entwickeln. Mit den mit den neuen eigenen Motoren bestückten Modellen PD 2 und PD 3 versuchte die Primus-Traktoren-Gesellschaft in Miesbach, neue Absatzmärkte zu erschließen.

Überdurchschnittliche Verarbeitung

Die für Acker und Straße gleichermaßen geeigneten Primus-Traktoren waren für mittlere und größere landwirtschaftliche Betriebe vorgesehen. Die Produkte dieses Herstellers befanden sich hinsichtlich ihrer Verarbeitungsqualität und Robustheit weit über dem Durchschnitt. Die größte Brutto-Anhängelast von 25 Tonnen auf ebener Straße konnte dem PD 3 ohne Weiteres zugemutet werden. Der Dreizylindertraktor PD 3 verfügte über ein von ZF zugekauftes Fünfganggetriebe und konnte auf Wunsch durch einen Kriechgang erweitert werden. Mit einem Grundpreis von 10.450 DM war er nicht gerade einer der preiswertesten. So blieb es bei geringen Stückzahlen, deren Verbreitung sich hauptsächlich auf den süddeutschen Raum beschränkte.

Primus PD 3

Hersteller:	**Primus GmbH, Miesbach**
Ausführung:	**Primus PD 3**
Gesamtserie:	**keine Angabe**
Technische Daten:	
Erstes Baujahr:	*1952*
Bauweise:	*rahmenlose Blockbauweise*
Motorart:	*3-Zylinder/4-Takt*
Höchstgeschwindigkeit:	*20 km/h*
Betriebsstoff:	*Diesel*
Kühlsystem:	*Wasserumlaufkühlung*
Leistung:	*26,4 kW (36 PS)*
Drehzahl:	*1800 U/min*
Getriebe:	*Fünfganggetriebe*
Hubraum:	*2826 ccm*
Gewicht:	*1865 kg*
Antrieb:	*Hinterradantrieb*

1953

Allgaier AP 22

Hersteller:	**Allgaier Werke, Uhingen**
Ausführung:	**Allgaier AP 22**
Gesamtserie:	**ca. 3000 Stück**
Technische Daten:	
Erstes Baujahr:	*1953*
Bauweise:	*rahmenlose Blockbauweise*
Motorart:	*2-Zylinder/4-Takt*
Höchstgeschwindigkeit:	*20 km/h*
Betriebsstoff:	*Diesel*
Kühlsystem:	*Luft mit Radialgebläse*
Leistung:	*16,1 kW (22 PS)*
Drehzahl:	*2000 U/min*
Getriebe:	*Fünfganggetriebe*
Hubraum:	*1531 ccm*
Gewicht:	*1320 kg*
Antrieb:	*Hinterradantrieb*

Der auf dem sehr bewährten Konzept des luftgekühlten Volksschleppers basierende AP 22 zeichnete sich durch eine Vielzahl positiver Eigenschaften aus. Als Universalschlepper für alle Saat- und Pflegearbeiten und für schweren Zug gleich gut geeignet, war er für alle Einsatzbereiche vorzugsweise auf kleineren und mittleren Höfen verwendbar. Er war zweifelsohne ein unbedingt konkurrenzfähiger und sehr moderner Schlepper dieser Leistungsklasse und mit fast 30 Prozent Fertigungsanteil auch das Hauptstandbein des Unternehmensumsatzes.

Neues Design

Auf der 42. DLG-Ausstellung in Köln im Juni 1953 wurde die von Anfang an als Übergangslösung betrachtete Ausführung des AP 22 in einem neuen Design mit überarbeiteter Technik vorgestellt. Die Motorverkleidung war in der schnittigen Porsche-Linie der übrigen Allgaier-Schlepper gehalten. Verschiedene Verbesserungen hatten diesen Schlepper auch in technischer Hinsicht auf den neuesten Stand gebracht. So war zum Beispiel die Kühlluftmenge vom Fahrersitz aus zu regulieren und das Getriebe mit einer Kriechgeschwindigkeit lieferbar. In das neu gestaltete Armaturenbrett waren Fernthermometer und Tachometer integriert.

Die Luftkühlung bei Schleppermotoren, deren Entwicklung parallel dazu auch von anderen Mitbewerbern, allen voran den Kölner Deutz-KHD-Werken, betrieben und zur Serienreife gebracht wurde, bot gegenüber wassergekühlten Aggregaten zweifellos einige gravierende Vorteile.

Wasserumlaufkühlsystem

Dies betraf in erster Linie das aufwendige Wasserumlaufkühlsystem mit seinen Schläuchen und den vielen Dichtungen, der Wasserpumpe und dem Kühler. Es brauchte kein Wasser nachgefüllt zu werden, und damit bestand auch keine Gefahr, dass es einfror. In diesem ersten luftgekühlten Motor kamen bereits alle jene Merkmale zum Tragen, die auch für alle späteren Eicher-Konstruktionen typisch werden sollten. Das waren die Luftkühlung durch Radialgebläse, Direkteinspritzung und die Tunnelbauweise. Serienmäßig war der ED 16/II mit Riemenscheibe, Zapfwelle, Differenzialsperre, Ackerschiene, Spurverstellmöglichkeiten sowie hinterer und vorderer Anhängevorrichtung ausgetattet. Gegen Aufpreis gab es ein Rasspe-Mähwerk mit 152 cm Arbeitsbreite. Der ED 16/II wurde bis 1957 mit unterschiedlichen Vorderachsen, Motorhauben und Radständen gefertigt.

Eicher ED 16 II

Hersteller:	**Eicher Traktoren- und Landmaschinen Werke, Forstern**
Ausführung:	**Eicher ED 16 II**
Gesamtserie:	**4094 Stück**
Technische Daten:	
Erstes Baujahr:	*1953*
Bauweise:	*rahmenlose Blockbauweise*
Motorart:	*1-Zylinder/4-Takt*
Höchstgeschwindigkeit:	*19 km/h*
Betriebsstoff:	*Diesel*
Kühlsystem:	*Luft mit Radialgebläse*
Leistung:	*11,7 kW (16 PS)*
Drehzahl:	*1450 U/min*
Getriebe:	*Fünfganggetriebe*
Hubraum:	*1425 ccm*
Gewicht:	*1420 kg*
Antrieb:	*Hinterradantrieb*

1953

Fahr D 130 H

Hersteller:	**Maschinenfabrik Fahr AG, Gottmadingen**
Ausführung:	**Fahr D 130 H**
Gesamtserie:	**1757 Stück**
Technische Daten:	
Erstes Baujahr:	*1953*
Bauweise:	*rahmenlose Blockbauweise*
Motorart:	*2-Zylinder/4-Takt*
Höchstgeschwindigkeit:	*18,8 km/h*
Betriebsstoff:	*Diesel*
Kühlsystem:	*Luft mit Axialgebläse*
Leistung:	*12,5 kW (17 PS)*
Drehzahl:	*2000 U/min*
Getriebe:	*Fünfganggetriebe*
Hubraum:	*1305 ccm*
Gewicht:	*1255 kg*
Antrieb:	*Hinterradantrieb*

Bereits im Jahr 1953 hatte man der Öffentlichkeit die ersten Prototypen der Modelle Fahr D 130 und D130 H vorgestellt. Der Fahr D 130 H war die Hochradausführung der sehr zuverlässigen und solide verarbeiteten Schlepper. Eine enge Zusammenarbeit bestand schon viele Jahre mit dem Aschaffenburger Schlepperfabrikanten Güldner, von dem auch viele Motoren bezogen wurden.

Der Motor von Güldner

So wurde in den D 130 H auch der luftgekühlte Zweizylinder-Dieselmotor 2 LD von Güldner eingebaut. Von der Zahnradfabrik Friedrichshafen kam das Fünfganggetriebe mit der Bezeichnung A 5/5 K für den D 130 beziehungsweise A 5/5 L für die Hochradvariante D 130 H. Beide Triebwerksvarianten konnten auf Wunsch mit einem voll belastbaren Kriechgang aufgerüstet werden. Die Serienausführung beinhaltete eine Getriebezapfwelle, eine Differenzialsperre, einen Mähantrieb sowie eine 12-V-Licht- und -Anlassanlage und war zum Preis von 6133 DM für die Normalausführung D 130 mit 8-24er oder 9-24er Hinterrädern zu haben. Riemenscheibe, Windschutzscheibe mit Verdeck, Seilwinde oder Seitenmähwerk gab es gegen Aufpreis.

Die im Jahr 1888 von Christian Friedrich Holder (1861–1941) gegründete Firma in Metzingen beschäftigte sich ab 1929 mit dem Bau von Einachsschleppern. Der Sohn, Max Holder, hatte von einem Besuch in den Vereinigten Staaten viele neue Eindrücke und Erfahrungen zum Schlepperbau mitgebracht und sogleich in die Tat umgesetzt. Bis 1950 wurden bei Holder aber nur Einachsfahrzeuge gebaut.

Knickgelenk

Mit dem ersten Vierradschlepper B 10 konnte Holder einen großen Erfolg landen. Aber es wurden von den Kunden mehr Leistung und ein besseres Zugvermögen gefordert. Eine ungewöhnliche Lösung bot sich mit dem Holder Cultitrac A 10, sie bestand darin, einfach zwei Holder-Einachsschlepper in der Mitte mit einem Knickgelenk miteinander zu verbinden. Der Motor nebst Nebenaggregaten und Armaturen saß auf dem Vorderachsgetriebe, während auf dem hinteren Schlepperteil das Getriebe mit Schalteinrichtung, Lenkung, Getriebezapfwelle, ölhydraulischem Kraftheber und Fahrersitz installiert waren. Diese Anordnung sorgte für eine ausgeglichene Gewichtsverteilung sowie für einen tief liegenden Schwerpunkt.

Holder Cultitrac A 10

Hersteller:	**Holder GmbH, Metzingen**
Ausführung:	**Holder Cultirac A 10**
Gesamtserie:	**4700 Stück**
Technische Daten:	
Erstes Baujahr:	*1953*
Bauweise:	*rahmenlose Blockbauweise*
Motorart:	*1-Zylinder/4-Takt*
Höchstgeschwindigkeit:	*13,5 km/h*
Betriebsstoff:	*Diesel*
Kühlsystem:	*Wasserumlaufkühlung*
Leistung:	*7,3 kW (10 PS)*
Drehzahl:	*1700 U/min*
Getriebe:	*Vierganggetriebe*
Hubraum:	*499 ccm*
Gewicht:	*630 kg*
Antrieb:	*Allradantrieb*

MAN AS 718 A

Hersteller:	**Maschinenfabrik Augsburg-Nürnberg AG, München-Allach**
Ausführung:	**MAN AS 718 A**
Gesamtserie:	**905 Stück**

Technische Daten:

Erstes Baujahr:	*1953*
Bauweise:	*rahmenlose Blockbauweise*
Motorart:	*2-Zylinder/4-Takt, Güldner 2 DN*
Höchstgeschwindigkeit:	*20,3 km/h*
Betriebsstoff:	*Diesel*
Kühlsystem:	*Umlaufkühl. mit Wasserpumpe*
Leistung:	*13,2 kW (18 PS)*
Drehzahl:	*1800 U/min*
Getriebe:	*Fünfganggetriebe*
Hubraum:	*1304 ccm*
Gewicht:	*1600 kg*
Antrieb:	*Allradantrieb*

Bei der MAN wurde aufgrund der gestiegenen Motorleistungen ab Anfang der 1950er-Jahre ein stärker dimensionierter Vorderachsantrieb samt neuer Gabelvorderachse angeboten. Und zusätzlich zum neuen Allradantrieb installierte man nun auch das verstärkte Sechsganggetriebe A 15 V von der Zahnradfabrik Friedrichshafen. Durch diese Maßnahmen entwickelten sich aus den Typen AS 330 A + H die Modelle AS 430 A + H. Zusätzlich entstand unter Verwendung des gleichen Getriebes das Modell AS 440 A + H. Im Frühjahr 1953 lief dann die Entwicklung des Allradschleppers AS 542 A an. Aufgrund der Verwendung eines neuen Zylinderkopfes erzeugte die Motorvariante D 9214 G 2 eine Maximalleistung von 42 PS.

18-PS-Kleinschlepper mit Allradantrieb

Die ersten Versuche zur Entwicklung eines allradgetriebenen Kleinschleppers wurden 1953 in die Wege geleitet und so weit abgeschlossen, dass noch im gleichen Jahr der Serienbau des als AS 718 A bezeichneten 18-PS-Allradtraktors beginnen konnte. Da kein werkseigenes Motorenaggregat zur Verfügung stand, griff man auf einen wassergekühlten Güldner-Motor zurück. Als Getriebe fand das fünfgängige Baumuster A 8 von ZF Verwendung.

1953 erweiterten die Güldner-Werke ihr Verkaufsangebot um drei neue Modelle. Mit dem Kleinschlepper-Modell AZK wollte man dabei die Zielgruppe der Kleinlandwirte ansprechen. Im gleichen Jahr löste das neue Modell ADN den Güldner AF 15 ab. In das Modell ADN wurde der neu entwickelte Zweizylinder-Wirbelkammer-Dieselmotor 2 DN mit 16 PS eingebaut. Den ADN gab es ebenfalls in zwei Getriebevarianten und mit zwei Radständen in einer Normal- oder Portalausführung. Zusätzlich zur serienmäßigen Differenzialsperre waren eine Druckluftbremsanlage, eine Seilwinde, ein Allwetterverdeck und wahlweise ein hydraulischer Kraftheber mit 560 Kilogramm Hubkraft oder ein mechanischer Geräteheber erhältlich.

Traktoren im Haifischmaul-Look

Diese Güldner-Traktoren waren zuverlässige Fahrzeuge, die sich neben dem einem Haifischmaul nachempfundenen Kühlerlüftungsgitter mit ihrer grünen Lackierung und den roten Felgen von den Fahrzeugen der anderen Hersteller abhoben. In der Portalausführung wiesen diese Schlepper Bodenfreiheiten von bis zu 500 Millimeter auf. Vom Güldner ADN wurden 7827 Einheiten gefertigt.

Güldner ADN

Hersteller:	**Güldner Motoren-Werke, Aschaffenburg**
Ausführung:	**Güldner ADN**
Gesamtserie:	**7827 Stück**

Technische Daten:

Erstes Baujahr:	*1953*
Bauweise:	*rahmenlose Blockbauweise*
Motorart:	*2-Zylinder/4-Takt, Güldner 2 DN*
Höchstgeschwindigkeit:	*19 km/h*
Betriebsstoff:	*Diesel*
Kühlsystem:	*Umlaufkühlung mit Wasserpumpe*
Leistung:	*11,7 kW (16 PS)*
Drehzahl:	*1800 U/min*
Getriebe:	*Fünf- oder Sechsganggetriebe*
Hubraum:	*1304 ccm*
Gewicht:	*1100 kg*
Antrieb:	*Hinterradantrieb*

Lindner L 20

Hersteller:	**Hermann Lindner, Kundl, Tirol, Österreich**
Ausführung:	**Lindner L 20**
Gesamtserie:	**keine Angabe**
Technische Daten:	
Erstes Baujahr:	*1953*
Bauweise:	*rahmenlose Blockbauweise*
Motorart:	*1-Zylinder/4-Takt*
Höchstgeschwindigkeit:	*18 km/h*
Betriebsstoff:	*Diesel*
Kühlsystem:	*Wasserumlaufkühlung*
Leistung:	*14,6 kW (20 PS)*
Drehzahl:	*1500 U/min*
Getriebe:	*Vierganggetriebe*
Hubraum:	*1780 ccm*
Gewicht:	*1280 kg*
Antrieb:	*Hinterradantrieb*

Der Firmengründer des Lindner-Traktorenwerks, Hermann Lindner in Kundl in Tirol, baute schon 1923 seinen ersten Traktor. Aber erst im Jahr 1948 begann er die serienmäßige Traktorenherstellung. Das erste Modell war der Lindner Typ S 14 mit aufgeschraubtem Einzylinder-Warchalowski-Dieselmotor.

Für die Bergbauern bestens geeignet

Als Weiterentwicklung erschienen im Jahr 1953 die Typen L 15 und L 20/L 20 A. Sie waren in Blockbauweise unter Verwendung einer Gusswanne konstruiert. Eine weitere Verbesserung war die Wasserumlaufkühlung mit Pumpe. Gegen Aufpreis gab es eine Getriebe- und Wegzapfwelle und einen Kraftheber. Der L 20 A war Lindners stärkster Einzylindertraktor und bei den Bauern besonders beliebt. Die in hervorragender Qualität gefertigten Lindner-Traktoren besetzten eine kleine Marktnische, in der sich dieser Hersteller bis heute erfolgreich behaupten kann. Insbesondere die kleinen Allradtraktoren um die 20 PS waren damals Schlepper, die die Konkurrenten in der Regel nicht anbieten konnten. Sie waren hinsichtlich der Größe, des Gewichts und des niedrigen Schwerpunkts speziell auf die kleinen Berg- und Grünlandbetriebe in Österreich abgestimmt.

Auch bei dem zunächst in Passau ansässigen Unternehmen Röhr war man in der Nachkriegszeit darauf angewiesen, fast alle Teile von Fremdfirmen zu beziehen. Das betraf nicht nur die Motoren, sondern auch Räder, Achsen und viele andere Bauteile. Alles wurde verbaut, was gerade verfügbar und auch günstig zu bekommen war. So konnte man bei Röhr auch auf die Sonderwünsche der einzelnen Kunden eingehen. Obwohl die Firma Röhr bei zahlreichen Messeauftritten versuchte, den Markt von Bayern aus zu überspringen, blieb es bei dem Versuch.

Standard- und Hochradschlepper

Für die mittleren und kleineren landwirtschaftlichen Betriebe waren der Allzweckschlepper Röhr 20 RE und der Hochradschlepper 20 REH vorgesehen. Der wassergekühlte Einzylinder-Dieselmotor von MWM war mit einem Fünfganggetriebe der Maschinen- und Zahnradfabrik Carl Hurth aus München verblockt. Der Standardschlepper besaß 8-24er Hinterreifen und der Ausführung REH hatte Röhr 8-32 Hochräder verpasst. Als Sonderzubehör gab es eine Riemenscheibe, eine Getriebezapfwelle sowie ein Mähwerk, entweder von Raaspe aus Solingen oder von Busatis aus Remscheid.

Röhr 20 RE

Hersteller:	**Erich Röhr Maschinenfabrik, Passau**
Ausführung:	**Röhr 20 RE**
Gesamtserie:	**keine Angabe**
Technische Daten:	
Erstes Baujahr:	*1953*
Bauweise:	*rahmenlose Blockbauweise*
Motorart:	*1-Zylinder/4-Takt*
Höchstgeschwindigkeit:	*19 km/h*
Betriebsstoff:	*Diesel*
Kühlsystem:	*Wasserumlaufkühlung*
Leistung:	*14,7 kW (20 PS)*
Drehzahl:	*1600 U/min*
Getriebe:	*Fünfganggetriebe*
Hubraum:	*1480 ccm*
Gewicht:	*1500 bis 1540 kg*
Antrieb:	*Hinterradantrieb*

Hanomag R 27

Hersteller:	**Hannoversche Maschinenbau AG, Hannover-Linden**
Ausführung:	**Hanomag R 27**
Gesamtserie:	**5962 Stück**

Technische Daten:

Erstes Baujahr:	*1953*
Bauweise:	*Halbrahmen*
Motorart:	*3-Zylinder/4-Takt*
Höchstgeschwindigkeit:	*19,5 km/h*
Betriebsstoff:	*Diesel*
Kühlsystem:	*Umlaufkühlung mit Wasserpumpe*
Leistung:	*19,8 kW (27 PS)*
Drehzahl:	*1900 U/min*
Getriebe:	*Fünfganggetriebe*
Hubraum:	*2099 ccm*
Gewicht:	*1585 kg*
Antrieb:	*Hinterradantrieb*

Zu Beginn der 1950er-Jahre fehlten leichte Traktoren im Hanomag-Verkaufsprogramm. So erfuhr das Hanomag-Typenprogramm gegen Ende des Jahres 1953 eine Veränderung, indem der Dreizylinderschlepper R 27 als neues Fahrzeug und kräftigere Variante des R 22 auf dem Markt erschien. Im Gegensatz zum R 22 erhielt der R 27 von Anfang an das neue Kühlergitter mit senkrechten Stäben.

Starker Schlepper der Mittelklasse

Der R 22 war ein robuster Allzweckschlepper, der überall dort eingesetzt wurde, wo in Klein- oder Mittelbetrieben besonders schwere Böden zu bearbeiten waren. Ebenso häufig anzutreffen war der R 22 als kräftiger Zusatz- und Pflegeschlepper in größeren Betrieben. Der stärkere R 27 gehörte hinsichtlich der Leistung bereits zu den Traktoren der zu dieser Zeit oberen Mittelklasse. Sein Eigengewicht von nur 1585 Kilogramm war für einen Schlepper dieser Leistung außerordentlich gering, das vergleichbare 28-PS-Modell D 2806 von Lanz wog dagegen 2220 Kilogramm. Sowohl der R 22 als auch der R 27 zählten zu den weniger spektakulären, doch sehr verbreiteten Arbeitspferden der deutschen Landwirtschaftsmotorisierung.

Im Jahr 1954 erschienen im Programm von Fahr die neuen Schlepper D 160 H und D 180 H. Die Dieselschlepper D 160 H und D180 H waren robuste, solide und wirtschaftliche Traktoren mit nur geringen Wartungsansprüchen in der bekannt guten Verarbeitungsqualität dieses Herstellers. Sie waren insbesondere für mittelgroße Betriebe geeignete Universalschlepper, die dort alle vorkommenden Arbeiten verrichten konnten.

Mittelschwerer Dieselschlepper

Der 160 H war ein mittelschwerer Dieselschlepper, dessen konventionelle Blockbauweise sich durch eine tiefe Schwerpunktlage mit der trotzdem sehr großen Bodenfreiheit von 465 Millimetern auszeichnete. Er verfügte über eine schraubengefederte Pendelvorderachse. Die Serienausstattung umfasste Einzelradlenkbremsen, Differenzialsperre, eine 12-V-Licht- und -Anlassanlage und Zapfwelle. Als Sonderzubehör bekam man eine Riemenscheibe, ein Fahr-Mähwerk sowie einen hydraulischen Kraftheber mit 690 kg Hubkraft. Das Fünfganggetriebe konnte mit einem zusätzlichen Kriechgang für Geschwindigkeiten zwischen 0,6 und 1,8 km/h ausgerüstet werden. Die maximale Zughakenkraft beim D 160 H betrug 1900 Kilogramm.

Fahr D 160 H

Hersteller:	**Maschinenfabrik Fahr AG, Gottmadingen**
Ausführung:	**Fahr D 160 H**
Gesamtserie:	**1431 Stück**

Technische Daten:

Erstes Baujahr:	*1954*
Bauweise:	*rahmenlose Blockbauweise*
Motorart:	*2-Zylinder/4-Takt*
Höchstgeschwindigkeit:	*19,8 km/h*
Betriebsstoff:	*Diesel*
Kühlsystem:	*Luft mit Axialgebläse*
Leistung:	*16,1 kW (22 PS)*
Drehzahl:	*1650 U/min*
Getriebe:	*Fünfganggetriebe*
Hubraum:	*1630 ccm*
Gewicht:	*1475 kg*
Antrieb:	*Hinterradantrieb*

1954

Fahr D 400

Hersteller:	**Maschinenfabrik Fahr AG, Gottmadingen**
Ausführung:	**Fahr D 400**
Gesamtserie:	**2321 Stück**

Technische Daten:

Erstes Baujahr:	*1954*
Bauweise:	*rahmenlose Blockbauweise*
Motorart:	*3-Zylinder/4-Takt*
Höchstgeschwindigkeit:	*20 km/h*
Betriebsstoff:	*Diesel*
Kühlsystem:	*Luft mit Axialgebläse*
Leistung:	*32,9 kW (45 PS)*
Drehzahl:	*1650 U/min*
Getriebe:	*Fünfganggetriebe*
Hubraum:	*3990 ccm*
Gewicht:	*2820 kg*
Antrieb:	*Hinterradantrieb*

Die Firma Fahr hatte 1953/54 damit begonnen, die Typenbezeichnungen umzustellen und an der Hubraumgröße auszurichten. Von dieser Änderung waren auch die schweren Schlepper betroffen. Ab August 1954 wurden auch ihre Modellnamen geändert. Die Technik blieb jedoch gleich. So wurde aus dem D 45L der D 400 und aus dem D 60L der D 540.

Kein Verkehrshindernis

Beide Schlepper erhielten das stärkere ZP-Getriebe A 23. Davon gab es eine zusätzliche Schnellgangausführung bis zu maximal 29,5 km/h. Beide Getriebevarianten verfügten über zwei zusätzliche Kriechgänge sowie zwei Rückwärtsgänge. Die Fahr-Schlepper D 400 waren außerordentlich zugkräftige Maschinen. Er entwickelte eine maximale Zughakenkraft von 3070 Kilogramm. Ausgerüstet mit einer unabhängigen Zapfwelle waren sie zum Betrieb selbst größter zapfwellenbetriebener Mähdrescher oder Anhängegeräte wie geschaffen. Mit dem schnellen Getriebe war der D 400 bei Transporten infolge seiner hohen Geschwindigkeit auch kein Verkehrshindernis. Aber der Bedarf für derart schwere Maschinen war in Deutschland nach dem Krieg klein, sodass ein großer Teil der wenigen Schlepper in den Export ging.

JOHN DEERE

JOHN
DEERE

Schon in den beginnenden 1950er-Jahren waren luftgekühlte Traktoren die Favoriten. Dem Wunsch vieler Landwirte nach luftgekühlten Motoren konnte sich auch die Firma Fendt nicht entziehen. Das 1954 neu ins Programm genommene Dieselross-Modell F 24 L wurde zum großen Erfolg bei Fendt.

Reichliches Zubehör

Dieser Mittelklasseschlepper wurde zunächst ausschließlich mit luftgekühltem Motor verkauft. Der Schlepper verfügte serienmäßig über ein Fendt-Sechsganggetriebe mit Kriechgang und zwei Rückwärtsgängen, eine Differenzialsperre, Einzelradlenkbremsen, eine pendelnd gelagerte Schwingfedervorderachse sowie eine Zapfwelle. Als Zubehör gegen Aufpreis gab es ein Mähwerk, Riemenscheibe, Gitterräder, Getreidehandablage, Klappgreifer, Reifenfüllpumpe, Allwetterverdeck, Seilwinde mit Bergstütze, Belastungsgewichte über die entweder mit Dreipunktgestänge oder auch mit Vierpunkt-Normschwingrahmen ausrüstbare Fendt-Hydraulik-Kraftheberanlage sowie einen Frontlader. Ab 1955 wurde dieses Fahrzeug auch als wassergekühlter Schlepper F 24 W gebaut. Der F 24 von Fendt war aufgrund der vielen Anbaugeräte ein Universalschlepper für mittlere Betriebe.

Fendt F 24 L

Hersteller:	**Fendt und Co., Marktoberdorf**
Ausführung:	**Fendt F 24 L**
Gesamtserie:	**6369 Stück**
Technische Daten:	
Erstes Baujahr:	*1953*
Bauweise:	*rahmenlose Blockbauweise*
Motorart:	*2-Zylinder/4-Takt*
Höchstgeschwindigkeit:	*20 km/h*
Betriebsstoff:	*Diesel*
Kühlsystem:	*Luft mit Axialgebläse*
Leistung:	*17,6 kW (24 PS)*
Drehzahl:	*2000 U/min*
Getriebe:	*Sechsganggetriebe*
Hubraum:	*1810 ccm*
Gewicht:	*1385 kg*
Antrieb:	*Hinterradantrieb*

1954

Hanomag R 112

Hersteller:	**Hannoversche Maschinenbau AG, Hannover**
Ausführung:	**Hanomag R 112**
Gesamtserie:	**904**

Technische Daten:

Erstes Baujahr:	*1954*
Bauweise:	*Rahmenbauweise*
Motorart:	*1-Zylinder/2-Takt*
Höchstgeschwindigkeit:	*19 km/h*
Betriebsstoff:	*Diesel*
Kühlsystem:	*Wasserumlaufkühlung*
Leistung:	*8,8 kW (12 PS)*
Drehzahl:	*2200 U/min*
Getriebe:	*Sechsganggetriebe*
Hubraum:	*511 ccm*
Gewicht:	*890 kg*
Antrieb:	*Hinterradantrieb*

Im Mai 1954 wurde bei Hanomag in Hannover der 100.000. fertiggestellte Schlepper gefeiert. Im gleichen Jahr wurde dem im Vorjahr mit einer schmalen, kantigen Motorhaube am Markt vorgestellten Hanomag-Tragschlepper R 112 ein neues Äußeres verpasst. Das äußerlich geänderte Fahrzeug hatte mit seiner neuen, abgerundeten und dem aktuellen Stil angepassten Motorverkleidung ein wesentlich moderneres Aussehen erhalten.

Thermostat-Zweikreis-Wasserkühlung

Der Hubraum und die Motorleistung des Einzylinder-Dieselmotors D 611 S blieben aber ebenso unverändert wie das Sechsganggetriebe. Der Motor verfügte über eine Thermostat-Zweikreis-Wasserkühlung, die unabhängig von der Außentemperatur die Betriebstemperatur des Motors automatisch konstant hielt. Serienmäßig war der R 112 mit einer elektrischen 12-V-Licht- und -Anlassanlage, Einzelradbremsen, der Getriebezapfwelle mit zwei Schaltstellungen, der oberen Zugvorrichtung für Straßenbetrieb, Mähantrieb, Ackerschiene, Holzsitzbank auf dem linken hinteren Kotflügel, Öldruckmesser, Anschluss für Anhängerbeleuchtung, Differenzialsperre, Aufstiegbügel und Griff an der linken Fahrzeugseite, Vorderradkotflügeln und Werkzeug ausgerüstet.

Rechtzeitig zum 25-jährigen Jubiläum des Hela-Schlepperbaus in Aulendorf wurde der zu Beginn des Jahres 1954 vorgestellte Dieselschlepper D 24 serienreif. Er war ein moderner 22-PS-Traktor, der unter dem Slogan „Unser Schlager 1954" mit einem für das Unternehmen ungewöhnlich großen Reklameaufwand vorgestellt wurde.

Neue Motoren

Für den Hela D 24 waren jeweils neu entwickelte luft- oder wassergekühlte MWM-Zweizylindermotoren bereitgestellt worden. Ebenfalls neu war das als Modell 54 bezeichnete, in Standardbauweise ausgeführte Hela-Sechsganggetriebe mit integriertem Kriechgang. Dieses zu einem Grundpreis von 6900 DM erhältliche Folgemodell des D 20 verkaufte sich wesentlich besser als sein glückloser Vorgänger. Insgesamt 660 wassergekühlte und 430 luftgekühlte Schlepper wurden bis 1958 produziert. Der solide und zuverlässige Zugschlepper D 24 entwickelte 1250 Kilogramm Zugkraft am Haken. Bei diesem Traktor konnten die Arbeitsgeräte vor dem Schlepper, wie Frontlader, Düngerstreuer und Hackmaschine, und zwischen den Achsen in Form von Egge oder Hackmaschine angebracht werden.

Hela D 24

Hersteller:	**Hermann Lanz, Aulendorf**
Ausführung:	**Hela D 24**
Gesamtserie:	**W: 660/L: 430 Stück**
Technische Daten:	
Erstes Baujahr:	*1954*
Bauweise:	*rahmenlose Blockbauweise*
Motorart:	*2-Zylinder/4-Takt*
Höchstgeschwindigkeit:	*20 km/h*
Betriebsstoff:	*Diesel*
Kühlsystem:	*Wasserumlaufkühlung*
Leistung:	*16,1 kW (22 PS)*
Drehzahl:	*1800 U/min*
Getriebe:	*Sechsganggetriebe*
Hubraum:	*W: 1700/L: 1810 ccm*
Gewicht:	*1420 kg*
Antrieb:	*Hinterradantrieb*

Ritscher Multitrak 512 G

Hersteller:	Karl Ritscher GmbH, Sprötze
Ausführung:	Ritscher Multitrak 512 G
Gesamtserie:	2000 Stück (alle Ausführungen)
Technische Daten:	
Erstes Baujahr:	*1954*
Bauweise:	*Halbrahmen*
Motorart:	*1-Zylinder/4-Takt*
Höchstgeschwindigkeit:	*19,8 km/h*
Betriebsstoff:	*Diesel*
Kühlsystem:	*Luftkühlung*
Leistung:	*8,8 kW (12 PS)*
Drehzahl:	*2000 U/min*
Getriebe:	*Zehnganggetriebe*
Hubraum:	*905 ccm*
Gewicht:	*1200 kg*
Antrieb:	*Hinterradantrieb*

Die Geräteträger von Ruhrstahl und der Lanz-Alldog waren inzwischen als neuartige Geräteträger in aller Munde. Deshalb begann man auch bei der Firma Ritscher, an einer eigenen Konstruktion zu arbeiten. Ab dem Jahr 1954 boten die Ritscher-Werke ebenfalls einen inzwischen „in Mode" gekommenen Geräteträger, den Multitrac 512 G, an.

Ausziehbarer Geräterahmen

Dieser kleine Geräteträger kostete 1954 zunächst 5850 DM. Er war mit einem luftgekühlten Einzylinder-Dieselmotor vom Typ AKD 12 E von MWM mit 12 PS ausgestattet und mit dem ZF-A-5/5-Gruppengetriebe zu einer Einheit verblockt. Das Schaltgetriebe setzte sich aus jeweils einer schnellen und einer langsamen Schaltgruppe mit fünf Gängen zusammen. Ein variabler Radstand von 1680 bis 2500 Millimeter war durch den nach vorne ausziehbaren Geräterahmen möglich, wodurch er als „Allzweckschlepper" wie auch als „Geräteträger" einsetzbar war. Leider funktionierte dieses System aber nur in der Theorie, denn war der Geräteträger stark verschmutzt oder vielleicht im Einsatz verbogen worden, ließ sich die Längenverstellung oft nur noch mit Gewalt bewerkstelligen.

Zusammen mit den stärkeren Modellen AS 30 und AS 45 konnten die Schlüter-Werke der Kundschaft gegen Ende des Jahres 1954 ein aus fünf Typen bestehendes Bauprogramm in den Leistungsklassen zwischen 15 und 45 PS vorstellen. Der im folgenden Jahr zusammengestellte Typenkatalog wies den AS 18 als leistungsstarken Traktor für den bäuerlichen Klein- und Mittelbetrieb aus.

Hervorragende Verarbeitungsqualität

Bis Dezember 1956 wurde der AS 18 mit 1600 Fahrzeugen gefertigt und entsprach bis auf die mit 18 PS höhere Motorleistung fast genau seinem Vorgänger DS 15. Ebenso wie der stärkere AS 22 konnte auch der AS 18 sowohl mit Kriechgangstufen als auch in einer schnellen Getriebeausführung bezogen werden. 1955 kostete der AS 18 in der Grundausstattung 6025 DM. Die Fahrzeuge dieses Herstellers waren durch eine hervorragende Verarbeitungsqualität gekennzeichnet. Durch ihre verhältnismäßig großen Motoren in Verbindung mit ihrem starken Drehmoment waren auch die leichteren Schlüter-Modelle sehr geschätzt und gehörten in den Bereichen Zugkraft und Belastbarkeit im Vergleich zu ihren Mitbewerbern unbedingt zur Spitzengruppe.

Schlüter AS 18

Hersteller:	**Anton Schlüter GmbH, München-Freising**
Ausführung:	**Schlüter AS 18**
Gesamtserie:	**1600 Stück**

Technische Daten:

Erstes Baujahr:	*1954*
Bauweise:	*rahmenlose Blockbauweise*
Motorart:	*1-Zylinder/4-Takt*
Höchstgeschwindigkeit:	*20 km/h*
Betriebsstoff:	*Diesel*
Kühlsystem:	*Wasserumlaufkühlung*
Leistung:	*13,2 kW (18 PS)*
Drehzahl:	*1500 U/min*
Getriebe:	*Fünfganggetriebe*
Hubraum:	*1610 ccm*
Gewicht:	*1450 kg*
Antrieb:	*Hinterradantrieb*

1954

Schlüter AS 30

Hersteller:	**Anton Schlüter GmbH, München-Freising**
Ausführung:	**Schlüter AS 30**
Gesamtserie:	**597 Stück**
Technische Daten:	
Erstes Baujahr:	*1954*
Bauweise:	*rahmenlose Blockbauweise*
Motorart:	*2-Zylinder/4-Takt*
Höchstgeschwindigkeit:	*20 km/h*
Betriebsstoff:	*Diesel*
Kühlsystem:	*Wasserumlaufkühlung*
Leistung:	*22 kW (30 PS)*
Drehzahl:	*1500 U/min*
Getriebe:	*Fünfganggetriebe*
Hubraum:	*3114 ccm*
Gewicht:	*2050 bis 2100 kg*
Antrieb:	*Hinterradantrieb*

Im Jahr 1954 wurde der Schlüter DS 25 auf das neue Bezeichnungssystem umgestellt und nach erfolgter Leistungssteigerung auf 30 PS als Schlüter AS 30 verkauft. Der von Ende 1954 bis zum Frühjahr 1957 in genau 597 Einheiten produzierte AS 30 war ein sehr solide konstruierter rahmenloser Blockbauschlepper mit günstiger Gewichtsverteilung.

Patentiertes Verbrennungsverfahren von Schlüter

Der Schlüter AS 30 hatte einen 30-PS-Zweizylinder-Viertakt-Dieselmotor, der nach dem von Schlüter zur Serienreife entwickelten und patentierten Verbrennungsverfahren mit einer Schwenkkammer an jedem Zylinder arbeitete. Beim Kaltstart wurde der Kraftstoff, ähnlich wie beim Direkteinspritzverfahren, ohne Verwirbelung in den Verbrennungsraum gespritzt. Dadurch erreichte man selbst bei starken Minustemperaturen ein sofortiges Anspringen ohne Zündhilfsmittel. Im Betrieb hingegen wurde die Schwenkkammer um 180 Grad zurückgeschwenkt und der Motor arbeitete nach dem Wirbelkammerverfahren weiter. In seiner sonstigen technischen Ausstattung entsprach der Schlüter AS 30 – bis auf die stärkere Motorleistung – weitgehend seinem Vorgänger DS 25.

Mit dem eigenentwickelten Schlepper AS 180 gelang es der Firma Bautz im Jahr 1955, den Konfektionsschlepper AS 170 abzulösen. In den wassergekühlten Bautz AS 180 wurde wieder der bewährte MWM-Motor AKD 311 Z eingebaut, während der luftgekühlte Bruder AL 180 den Motor MWM AKF 311 Z bekam. Der AL 180 unterschied sich fast ausschließlich durch den axialluftgekühlten Motor vom AS 180.

Eigenes Fünfganggetriebe

Das neue Fünfganggetriebe des Bautz AS 180 war, bis auf die von Hurth gelieferten Getrieberadsätze, die man in der geforderten Präzision nicht selbst herstellen konnte, aus eigener Fabrikation. Die Motorhaube erhielt eine neue Form und die Seitenbleche waren weit nach unten gezogen worden. Als Zubehör konnte man eine Vorderradfederung, hydraulische Dreipunktkraftheber, ein Mähwerk und hydraulischen Mähwerkaufzug, Vorderradkotflügel, Riemenscheibe, Getriebebremse, Baas-Frontlader sowie Windschutzscheibe und Verdeck bestellen. Der Bautz AS 180 war ein zugstarker Schlepper für mittlere landwirtschaftliche Betriebe, der auch bei schweren Böden problemlos einen Zweischarpflug ziehen konnte.

Bautz AS 180

Hersteller:	**Josef Bautz GmbH, Saulgau**
Ausführung:	**Bautz AS 180**
Gesamtserie:	**2122 Stück (alle Ausführungen)**
Technische Daten:	
Erstes Baujahr:	*1955*
Bauweise:	*rahmenlose Blockbauweise*
Motorart:	*2-Zylinder/4-Takt*
Höchstgeschwindigkeit:	*18,3 km/h*
Betriebsstoff:	*Diesel*
Kühlsystem:	*Wasserumlaufkühlung*
Leistung:	*12,5 kW (17 PS)*
Drehzahl:	*2000 U/min*
Getriebe:	*Fünfganggetriebe*
Hubraum:	*1250 ccm*
Gewicht:	*1225 kg*
Antrieb:	*Hinterradantrieb*

1955

Bungartz T 5	
Hersteller:	**Bungartz und Co. Maschinenfabrik GmbH, München**
Ausführung:	**Bungartz T 5, Serie 1**
Gesamtserie:	**210 Stück**
Technische Daten:	
Erstes Baujahr:	*1955*
Bauweise:	*rahmenlose Blockbauweise*
Motorart:	*1-Zylinder/4-Takt, Hatz E 89 FG*
Höchstgeschwindigkeit:	*13,5 km/h*
Betriebsstoff:	*Diesel*
Kühlsystem:	*Luftkühlung mit Axialgebläse*
Leistung:	*8,8 kW (12 PS)*
Drehzahl:	*2600 U/min*
Getriebe:	*Sechsganggetriebe*
Hubraum:	*668 ccm*
Gewicht:	*900 kg*
Antrieb:	*Hinterradantrieb*

Die in München ansässige Maschinenfabrik Bungartz & Co., ein bekannter Spezialhersteller für einachsige Bodenfräsen, wurde im Jahr 1933 gegründet. Ein Jahr später übernahm dieser Betrieb die gesamte Fräsenfabrikation der zum Elektrokonzern Siemens & Halske zählenden Siemens-Schuckertwerke in Berlin-Tempelhof. Bis 1945 betrug die Gesamtproduktion bereits mehr als 10.000 Einheiten. Nach Kriegsende stellte Bungartz dann zwei neue Modelle mit 4 PS und 6 PS Motorleistung vor.

Ein vierrädriger Schlepper-Zwerg

Den Schritt zum Vierradtraktor vollzog Bungartz im Jahr 1953. Auf der DLG-Ausstellung in Köln präsentierte dieser Hersteller das Halbrahmenmodell T 3. Nach Experimenten mit verschieden bestückten T-4-Modellen folgte 1956 der mit einem 12-PS-Hatz-Motor ausgerüstete T 5. Dieser Motor ermöglichte die Abkehr von der vorherigen Halbrahmen- hin zur Blockbauweise. Anfangs wurde das bereits im T 3 installierte Sechsganggetriebe weiterverwendet. Gegen Ende der Produktion im Jahr 1968 war der T 5 dann mit dem 15 PS starken Hatz-Dieselmotor E 95 ausgerüstet.

1955

Die Idee eines Geräteträgers konnte, ebenso wie die des Tragschleppers, erst nach dem Krieg realisiert werden. Der Grundgedanke bestand darin, einen leichten Schlepper derart umzugestalten, dass er nicht nur für reine Zugaufgaben, sondern als motorisierte und vielseitige Arbeitsmaschine mit vielfältigen Anbaumöglichkeiten eingesetzt werden konnte.

Für vielseitigen Einsatz geeignet

Im Jahr 1955 konnte das Modell G 19 Kombi als erster Eicher-Geräteträger vorgestellt werden. Als Antrieb gelangte ein mit 19 PS luftgekühlter Einzylinder-Diesel in Verbindung mit dem Hurth-Getriebe G 85 AT zum Einbau. Dadurch stand konstruktionsbedingt ein ausreichender Platz für den Geräterahmen zur Verfügung. An diesen schloss sich nach vorne hin eine pendelnd gelagerte, ausziehbare Vorderachse an. Der sehr große Radstand von 2550 Millimetern wurde durch die große Einschlagmöglichkeit der Vorderräder kompensiert. Der G 19 war für die Saat und Bodenbearbeitung, für das Laden und Transportieren, für die Getreide- und Hackfruchternte und im Zwischenfruchtanbau und nicht zuletzt als Zugmaschine für Transporte sowie zum Laden, Baggern und Miststreuen geeignet.

Eicher G 19

Hersteller:	**Eicher Traktoren- und Landmaschinen Werke, Forstern**
Ausführung:	**Eicher G 19**
Gesamtserie:	**920 Stück**
Technische Daten:	
Erstes Baujahr:	*1955*
Bauweise:	*Halbrahmenbauweise (Zweiholmsystem)*
Motorart:	*1-Zylinder/4-Takt*
Höchstgeschwindigkeit:	*17,3 km/h*
Betriebsstoff:	*Diesel*
Kühlsystem:	*Luft mit Radialgebläse*
Leistung:	*13,9 kW (19 PS)*
Drehzahl:	*1425 U/min*
Getriebe:	*Fünfganggetriebe*
Hubraum:	*1425 ccm*
Gewicht:	*1450 kg*
Antrieb:	*Hinterradantrieb*

1955

Güldner ALK

Hersteller:	**Güldner Motoren-Werke, Aschaffenburg**
Ausführung:	**Güldner ALK**
Gesamtserie:	**1235 Stück**
Technische Daten:	
Erstes Baujahr:	*1955*
Bauweise:	*rahmenlose Blockbauweise*
Motorart:	*2-Zylinder/4-Takt*
Höchstgeschwindigkeit:	*18,8 km/h*
Betriebsstoff:	*Diesel*
Kühlsystem:	*Luft mit Schwungradgebläse*
Leistung:	*8,8 kW (12 PS)*
Drehzahl:	*1800 U/min*
Getriebe:	*Sechsganggetriebe*
Hubraum:	*885 ccm*
Gewicht:	*1025 kg*
Antrieb:	*Hinterradantrieb*

Durch gefrierendes Kühlwasser im Winter kam es immer wieder zu Schäden bei wassergekühlten Motoren, darum verlangten viele Landwirte nach Traktoren mit luftgekühlten Motoren. Daher gingen viele Schlepperhersteller, so auch Güldner, dazu über, ihren Kunden wahlweise wasser- oder luftgekühlte Motoren anzubieten.

Luftgekühlter Güldner

1955 ergänzte der Typ ALK mit 12 PS und der Typ ALB mit 22 PS das Güldner-Programm. Beim ALK war das Sechsganggetriebe ZF A-5 eingebaut. Auf Wunsch konnten zusätzlich Riemenscheibe, Mähantrieb und Mähwerk von Fahr oder Rasspe, Zusatzgewichte, Druckluftbremsanlage, Seilwinde, Frontlader, Verdeck, Reifenfüllanlage, mechanische Kraftheberanlage nach System Kratzenberg und ein wahlweise mit Drei- oder Vierpunktkupplung ausgerüsteter hydraulischer Güldner-Bosch bezogen werden. Der Güldner-Traktor ALK war recht erfolgreich auf dem Markt der luftgekühlten Schlepper. Sie waren gute und solide Fahrzeuge ohne besondere Auffälligkeiten, die treu und brav auf kleinen oder mittleren Höfen ihre Arbeit verrichteten und nur selten ihre Besitzer im Stich ließen.

Die Suche nach Möglichkeiten, wie man Geländefähigkeit und Zugkraft eines Standardschleppers erhöhen könnte, stand schon seit jeher im Mittelpunkt der konstruktiven Bemühungen der Schlepperhersteller. Eine Möglichkeit eröffnete sich, als man einen Schlepper mit einer zusätzlichen angetriebenen Vorderachse versah. Die Vorteile waren ein geringerer Schlupf, kein Aufbäumen bei schwerem Zug, eine hohe Steigfähigkeit, eine gesteigerte Bremsfähigkeit im Gefälle sowie eine uneingeschränkte Straßentauglichkeit.

Eine konsequente Allrad-Baureihe

Auch Eicher gedachte sich am Bau solcher Schlepper zu beteiligen, mit deren Geländegängigkeit vielen Bergbauern oder Wald- und Forstbesitzern nicht nur im bayerischen Raum eine tragfähige Alternative geboten werden sollte. Den Anfang machte im Juli 1955 der auf der motorischen Basis des Standardschleppers ED 22 aufgebaute ED 22 Allrad. Um auch Anwender mit einem größeren Leistungsbedarf befriedigen zu können, stellte Eicher im Oktober 1956 den ED 30 Allrad vor. Als allerletzter Eicher-Allrad-Schlepper mit vier gleichen Rädern erschien noch 1959 das Modell ED 42 Allrad.

Eicher ED 22 A

Hersteller:	**Eicher Traktoren- und Landmaschinen-Werke, Forstern**
Ausführung:	**Eicher ED 22/VII**
Gesamtserie:	**156 Stück**

Technische Daten:

Erstes Baujahr:	*1955*
Bauweise:	*rahmenlose Blockbauweise*
Motorart:	*1-Zylinder/4-Takt*
Höchstgeschwindigkeit:	*20 km/h*
Betriebsstoff:	*Diesel*
Kühlsystem:	*Luftkühlung mit Einzelradialgebläse*
Leistung:	*16,1 kW (22 PS)*
Drehzahl:	*1650 U/min*
Getriebe:	*Fünfganggetriebe*
Hubraum:	*1550 ccm*
Gewicht:	*1890 kg*
Antrieb:	*Allradantrieb*

Lanz Typ HE – D 2416

Hersteller:	**Heinrich Lanz AG, Mannheim**
Ausführung:	**Lanz Typ HE – D 2416**
Gesamtserie:	**keine Angabe**

Technische Daten:

Erstes Baujahr:	*1955*
Bauweise:	*rahmenlose Blockbauweise*
Motorart:	*1-Zylinder/2-Takt*
Höchstgeschwindigkeit:	*18,1 km/h*
Betriebsstoff:	*Diesel*
Kühlsystem:	*Wasserumlaufkühlung*
Leistung:	*17,6 kW (24 PS)*
Drehzahl:	*1050 U/min*
Getriebe:	*2 x 3 Gänge*
Hubraum:	*2617 ccm*
Gewicht:	*1490 kg*
Antrieb:	*Hinterradantrieb*

Für mittlere bis größere Betriebe war das starke Modell D 2416 aus der neuen Volldiesel-Bulldog-Baureihe von Lanz gedacht. Der kraftvolle und leistungsstarke Schlepper konnte als Allein- und Universalschlepper alle Arbeiten auf Hof und Acker erledigen.

Motorzapfwelle

Für den Lanz Typ HE war auf Wunsch eine Motorzapfwelle vorhanden, die aber nur dann erfolgreich eingesetzt werden konnte, wenn die zapfwellengetriebenen Anhängegeräte nicht zu schwer waren. Bei allen Modellen war das Lanz-Achtganggetriebe, das aus sechs Vorwärts- und zwei Rückwärtsgängen bestand, vorhanden. Ergänzend dazu gab es drei zusätzliche Kriechgänge, zu Anfang als Sonderausrüstung, ab 1957 serienmäßig. Die Pendelvorderachse war als starre Rohrachse mit Einzelradfederung ausgeführt. Serienmäßig vorhanden waren Spurweitenverstellung vorn und hinten, Hinterradkotflügel mit linkem Beifahrersitz, Zugmaul vorn, gefederte und höhenverstellbare Anhängevorrichtung hinten, verstellbare Geräteschiene, Einzelradlenkbremsen, 12-V-Anlass- und -Beleuchtungsanlage mit Vorglüheinrichtung, Differenzialsperre und Werkzeug.

In Kundl, Österreich, baute man bei den Lindner-Werken ab dem Jahr 1955 einen luftgekühlten Schlepper mit der Bezeichnung L-17 PS Bauernfreund.

Bauernfreund

Der Lindner L-17 PS Bauernfreund wurde mit einem Warchalowski-Zweizylinder-Viertakt-Dieselmotor SD 21 ausgerüstet. Bei 2800 Umdrehungen pro Minute erreichte der Motor eine Leistung von 17 PS. Er war die stärkere Ausführung des Lindner L-14 PS-B. Die Kupplung K 10 DJ wurde von Fichtel & Sachs und das Fünfganggetriebe A-5 5/1 von der Zahnradfabrik Friedrichshafen geliefert. Den Lindner L-17 PS-Bauernfreund gab es auch in einer allradgetriebenen Version. Dies machte den eher untermotorisierten Traktor zu einem wuchtigen Arbeitsgerät. Eine Getriebezapfwelle und eine Wegzapfwelle waren bei einem Preis von 47.900 ÖS serienmäßig vorhanden. Gegen Aufpreis gab es auch einen Kraftheber. Als kleiner Schlepperhersteller konnte sich die Firma Lindner gut am österreichischen Markt behaupten, da sie speziell aufgrund des niedrigen Schwerpunkts der Schlepper, auf die nötigen Bedürfnisse der Landwirtschaft abgestimmt waren.

Lindner L-17 PS-B

Hersteller:	**Hermann Lindner, Kundl, Tirol, Österreich**
Ausführung:	**Lindner L-17 PS-B**
Gesamtserie:	**keine Angabe**
Technische Daten:	
Erstes Baujahr:	*1955*
Bauweise:	*rahmenlose Blockbauweise*
Motorart:	*2-Zylinder/4-Takt*
Höchstgeschwindigkeit:	*keine Angabe*
Betriebsstoff:	*Diesel*
Kühlsystem:	*Luftkühlung*
Leistung:	*12,5 kW (17 PS)*
Drehzahl:	*2800 U/min*
Getriebe:	*Fünfganggetriebe*
Hubraum:	*1020 ccm*
Gewicht:	*955 kg*
Antrieb:	*Hinterradantrieb*

1956

IHC D 212

Hersteller:	**International Harvester Company, Neuss/Rhein**
Ausführung:	**IHC D 212**
Gesamtserie:	**3602 Stück**

Technische Daten:

Erstes Baujahr:	*1956*
Bauweise:	*rahmenlose Blockbauweise*
Motorart:	*2-Zylinder/4-Takt*
Höchstgeschwindigkeit:	*18,2 km/h*
Betriebsstoff:	*Diesel*
Kühlsystem:	*Wasserumlaufkühlung*
Leistung:	*8,8 kW (12 PS)*
Drehzahl:	*1750 U/min*
Getriebe:	*Sechsganggetriebe*
Hubraum:	*1088 ccm*
Gewicht:	*1033 kg*
Antrieb:	*Hinterradantrieb*

Im Jahr 1956 stellte das IHC-Werk die neue D-Serie vor, wobei das „D“ in der Typenbezeichnung auf das Herkunftsland Deutschland verwies. Die dreistellige Modellbezeichnung gab mit der ersten Ziffer die Zylinderzahl des im jeweiligen Modell eingebauten Motors an, die beiden weiteren die Motorleistung in DIN-PS.

Wespentaille

Der zweizylindrige IHC-Schlepper Farmall D 212 unterschied sich von seiner Bauart her grundlegend von den übrigen Mitgliedern der D-Serie. Er besaß einen langen Radstand und war durch das hochgezogene Getriebegehäuse in der sogenannten Wespentaillenbauweise konstruiert. Der D 212 war speziell als Hackfruchtmaschine für den Geräteanbau im Zwischenachsbereich und damit für Pflegearbeiten auf dem Acker vorgesehen. Der Schlepper verfügte über das Sechsganggetriebe des Baumusters A 5/6 von ZF, wobei der erste Gang als Kriechgang ausgebildet war. Zum serienmäßigen Umfang zählten Zapfwelle, elektrischer Anlasser mit Vorglüheinrichtung, 12-V-Batterie und elektrische Beleuchtung, Differenzialsperre, Zugrahmen mit Anhängegeräteschiene sowie vordere und hintere Anhängekupplung.

1956

„... Bei dem neuen M-Verfahren hat der Brennraum eine halbkugelige Form und liegt in der Mitte des Kolbens. Dadurch wird eine gleichmäßige und trotz hoher Motorleistung nur geringe Wärmebeanspruchung des Kolbens erreicht. Der Kraftstoff wird durch eine neuartige, besonders betriebssichere Düse eingespritzt, die sorgfältig gekühlt ist." So warb MAM in den 50-Jahren für seine neue Motorentechnik.

M-Motoren

Die im Jahr 1955 serienreif gewordenen M-Motoren lösten eine Umstellung der gesamten Modelle auf die neuen Antriebsaggregate aus. So wurden die innerbetrieblichen Produktionsabläufe durch die zusätzlichen Entwicklungen und Arbeiten belastet. Außerdem stand auch der Umzug der Fertigung nach München-Allach an. MAN war auch der erste Traktorenhersteller, der die ersten serienreifen klauengeschalteten Leichtschaltgetriebe der Zahnradfabrik Friedrichshafen in seine Traktoren einbaute. Eine Technik, die sich erst in den 60er-Jahren durchsetzen sollte. Die Allradschlepper 4 R 1 erreichten durchaus zufriedenstellende Stückzahlen, während die Hinterradschlepper keine wesentliche Rolle spielten.

MAN 4 R 1

Hersteller:	**MAN AG, München**
Ausführung:	**MAN 4 R 1**
Gesamtserie:	**878 Stück**
Technische Daten:	
Erstes Baujahr:	*1956*
Bauweise:	*rahmenlose Blockbauweise*
Motorart:	*4-Zylinder/4-Takt*
Höchstgeschwindigkeit:	*18,4 km/h*
Betriebsstoff:	*Diesel*
Kühlsystem:	*Wasserumlaufkühlung*
Leistung:	*29,3 kW (40 PS)*
Drehzahl:	*1800 U/min*
Getriebe:	*Fünfganggetriebe*
Hubraum:	*3473 ccm*
Gewicht:	*2540 kg*
Antrieb:	*Allradantrieb (zuschaltbar)*

1956

Ritscher 936 L Super

Hersteller:	Karl Ritscher GmbH, Sprötze
Ausführung:	Ritscher 936 L Super
Gesamtserie:	100 Stück (mit Typ 832 Junior)
Technische Daten:	
Erstes Baujahr:	*1956*
Bauweise:	*rahmenlose Blockbauweise*
Motorart:	*3-Zylinder/4-Takt*
Höchstgeschwindigkeit:	*19,8 km/h*
Betriebsstoff:	*Diesel*
Kühlsystem:	*Luft mit Axialgebläse*
Leistung:	*29,4 kW (40 PS)*
Drehzahl:	*2000 U/min*
Getriebe:	*5 x 4 Gänge*
Hubraum:	*2715 ccm*
Gewicht:	*2340 kg*
Antrieb:	*Hinterradantrieb*

Ende 1956 stellte Ritscher mit den Modellen 832 Junior und 936 Super eine weitere Baureihe vor. Die Schlepper waren rein äußerlich fast völlig identisch. Auch konnten sie wahlweise mit wasser- oder luftgekühltem MWM-Dieselmotor geliefert werden.

Neun Vorwärtsgänge

Der Motor des Ritscher 936 Super war bis auf die etwas erhöhte Drehzahl identisch mit dem Motor des 832 Junior. Aufgrund seiner höheren Drehzahl wurde hier das als Gruppenschaltgetriebe aufgebaute A16-Getriebe der Zahnradfabrik Friedrichshafen mit neun Vorwärtsgängen und zwei Rückwärtsgängen verbaut. Da die neuen bolzengeschalteten ZF-Getriebe auch von weniger geübten Schlepperfahrern problemlos bedient werden konnten, war in der Ritscher-Werbung von einem besonders leicht schaltbaren Fünfgang-Durchschaltgetriebe die Rede. Demnach hatten die Getriebe fünf Vorwärtsgänge und eine zusätzliche Kriechgangschaltung, bei der vier weitere Gänge gewählt werden konnten. Die Leistung des 936 von 40 PS war schon bald sehr wichtig, da zu dieser Zeit mittlere Betriebe zunehmend schwere zapfwellengetriebene Anhängegeräte wie Ballenpressen, Feldhäcksler oder Mähdrescher einsetzten.

1956

Fast die Hälfte aller landwirtschaftlichen Arbeiten sind Transportarbeiten. Daher muss ein universeller Traktor nicht nur die leistungfsähigen Arbeitsgänge, sondern auch einen Schnellgang mit hoher Endgeschwindigkeit haben. So entwickelte die Firma Steyr 1956 den Steyr Typ 84e mit einer hohen Endgeschwindigkeit von 26 Stundenkilometern für schnelle Transportleistungen. „Denn rascher arbeiten heißt mehr verdienen bzw. mehr Freizeit haben." So lautete der Slogan in der Werbung.

Parallelogramm-Schwingsitz

Die Geschwindigkeiten waren aber in den einzelnen Arbeitsgängen gleich geblieben, sodass der Schlepper auch über die normalen Arbeitsgeschwindigkeiten eines bisherigen 18-PS-Schleppers verfügte. Der neue, gummigefederte Parallelogramm-Schwingsitz und die gefederte Vorderachse gewährleisten bei höheren Geschwindigkeiten sowie bei Fahrten auf schlechten Straßen oder auf dem Acker einen erhöhten Fahrkomfort. Eine höhenverstellbare Anhängekupplung ermöglicht je nach Last- und Geländeverhältnissen die richtige Wahl des Zugpunkts. Auch konnte damit die Lage der Anhängevorrichtung zur Zapfwelle nach Bedarf variiert werden.

Steyr 84e

Hersteller:	**Steyr-Werke AG, St. Valentin, Österreich**
Ausführung:	**Steyr 84e**
Gesamtserie:	**4672 Stück**

Technische Daten:

Erstes Baujahr:	*1956*
Bauweise:	*rahmenlose Blockbauweise*
Motorart:	*1-Zylinder/4-Takt*
Höchstgeschwindigkeit:	*26 km/h*
Betriebsstoff:	*Diesel*
Kühlsystem:	*Wasserumluftkühlung*
Leistung:	*13 kW (18 PS)*
Drehzahl:	*1750 U/min*
Getriebe:	*Fünfganggetriebe*
Hubraum:	*1330 ccm*
Gewicht:	*1300 kg*
Antrieb:	*Hinterradantrieb*

1957

Hanomag R 455 ATK

Hersteller:	**Hannoversche Maschinenbau AG, Hannover**
Ausführung:	**Hanomag R 455 ATK**
Gesamtserie:	**666 Stück**

Technische Daten:

Erstes Baujahr:	*1957*
Bauweise:	*rahmenlose Blockbauweise*
Motorart:	*4-Zylinder/4-Takt*
Höchstgeschwindigkeit:	*17,7 km/h (mit Schnellgang 32,5 km/h)*
Betriebsstoff:	*Diesel*
Kühlsystem:	*Wasserumlaufkühlung*
Leistung:	*40,3 kW (55 PS)*
Drehzahl:	*1300 U/min*
Getriebe:	*Fünfganggetriebe*
Hubraum:	*5702 ccm*
Gewicht:	*5200 kg*
Antrieb:	*Hinterradantrieb*

Nach dem Ende des Zweiten Weltkrieges beschäftigte sich Hanomag vermehrt mit dem Bau von Schleppern, die imstande waren, besonders schwere Lasten im Straßenverkehr zu transportieren oder auch die immer größer werdenden Verkehrsmaschinen auf Flugplätzen zu bewegen.

Strömungskupplung

1957 wurde die Ausführung R 455 ATK auf den Markt gebracht. Das „R" stand für Radschlepper, die Zahl „55" für die Motorleistung in PS, das „A" für Luftbereifung und „TK" für Turbokupplung. Die „4" vor der „55" bezeichnete die Zahl der Zylinder. Mit der zwischen Motor und Schaltkupplung installierten hydraulischen Strömungskupplung konnte in jedem Gang völlig ruckfrei auch unter Volllast angefahren werden. Der Lieferungsumfang orientierte sich weitgehend an den Ausrüstungen des R 45 und umfasste die 12-V-Licht- und -Anlassanlage mit Vorglühvorrichtung, Einzelradlenkbremsen, feststellbare Handbremse als Getriebebremse, Anhängerkupplung, Ackerschiene mit Plattform, vordere Zugöse, Hand- und Fußmotorregulierung, Kühlwasserthermometer, Öldruckkontrollleuchte, Getriebezapfwelle sowie vordere und hintere Kotflügel.

1957

Mit dem Schlepper 4 S 1 produzierte MAN einen sehr leistungsstarken 50-PS-Allradschlepper, der weniger in der Landwirtschaft als vielmehr in Forstbetrieben und bei Bau- und Transportfirmen seine Verwendung fand.

Reichhaltige Ausstattung für jeden Zweck

Das ZF-Getriebe war als Sonderausrüstung mit drei Kriechgeschwindigkeiten ebenso wie in einer Schnellgangversion zu beziehen. Serienmäßig wurde ein reichhaltiges Zubehör geliefert. Die Motorzapfwelle, Differenzialsperre, Lenkbremsen, Kotflügel vorne und hinten, Anhängeschiene, Beifahrersitz auf dem linken Kotflügel, Kühlwasserthermometer, eine vom Platz des Fahrers bedienbare Kühlerjalousie, eine höhenverstellbare Anhängerkupplung vorne und hinten sowie die gefederte Vorderachse. Riemenscheibe, Mähwerk, Wetterdach, Dreipunkthydraulik, Doppelbereifung, Forstseilwinden, Planierschild, hydraulischer Front- und Hecklader, Raddruckverstärker, Zusatzgewichte, Druckluftbremsanlage sowie die hydraulische Fernsteuerung des „Remote-Control-Systems" mit Abreißkupplung zur Betätigung von Anhängegeräten sind nur ein Auszug aus dem reichhaltigen Zubehör- und Geräteprogramm.

MAN 4 S 1

Hersteller:	**MAN AG, München**
Ausführung:	**MAN 4 S 1**
Gesamtserie:	**403 Stück**
Technische Daten:	
Erstes Baujahr:	*1957*
Bauweise:	*rahmenlose Blockbauweise*
Motorart:	*4-Zylinder/4-Takt*
Höchstgeschwindigkeit:	*18,5 km/h*
Betriebsstoff:	*Diesel*
Kühlsystem:	*Wasserumlaufkühlung*
Leistung:	*36,6 kW (50 PS)*
Drehzahl:	*1900 U/min*
Getriebe:	*Siebenganggetriebe*
Hubraum:	*3473 ccm*
Gewicht:	*3170 kg*
Antrieb:	*Allradantrieb (zuschaltbar)*

1958

BTG D 40

Hersteller:	**Bayerischer Traktorenbau, München**
Ausführung:	**BTG D 40**
Gesamtserie:	**keine Angabe**
Technische Daten:	
Erstes Baujahr:	*1958*
Bauweise:	*rahmenlose Blockbauweise*
Motorart:	*3-Zylinder/4-Takt*
Höchstgeschwindigkeit:	*keine Angabe*
Betriebsstoff:	*Diesel*
Kühlsystem:	*Luftkühlung*
Leistung:	*25,7 kW (35 PS)*
Drehzahl:	*2100 U/min*
Getriebe:	*Sechsganggetriebe*
Hubraum:	*2550 ccm*
Gewicht:	*1780 kg*
Antrieb:	*Allradantrieb*

Der US-Jeep diente dem Unternehmen, das zeitweise auch unter der Bezeichnung Bavarian Truck Company (BTC) firmierte, als Grundlage zur Behelfsschlepperfertigung. Die Bestände der ausgemusterten Army-Jeeps waren aber nicht unerschöpflich, sodass die Firma BTG gezwungen war, eigene Rahmen zu bauen.

Schlepper mit gleich großen Rädern

Die letzte Baureihe bei BTG war das 1958 gebaute Knicklenker-Modell D 40 Allrad. Dieser Schlepper hatte einen weit nach vorne gesetzten 35-PS-Dreizylinder-Deutz-Motor. Über die Knicklenkung konnte das pendelnd aufgehängte Heckteil geschwenkt werden. Das Gewicht von Motor und Wendegetriebe ruhte auf der Vorderachse. Wahlweise konnte man den Schlepper auch mit Hinterachsantrieb bekommen. Die letzte Serie dieses Allradtraktors mit den gleich großen Rädern bekam den auf 39 PS aufgerüsteten Deutz-Motor. Das war nicht verwunderlich, da die BTG-Modelle inzwischen über das Deutz-Händlernetz vertrieben wurden. Das war eine ideale Kombination für beide Firmen. BTG erhielt so den Zugang zum Vertrieb von Deutz und Deutz bekam damit einen bis dahin im Deutz-Programm fehlenden Allradtraktor. 1961 stellte BTG seine Fertigung ein.

Im Jahr 1958 wurde das erste Modell der neuen D-Schlepper-Modellreihe von Deutz vorgestellt. Die gegenüber früheren Modellen wichtigste Neuerung betraf den neuen, gerade erst serienreif gewordenen Motor der FL-712-Typenreihe. Eines der konstruktiven Merkmale dieser vorläufig den Leistungsbereich von 13 bis 38 PS umfassenden ein- bis dreizylindrigen Motorreihe war die auf 95 mm vergrößerte Zylinderbohrung. Zu dieser Reihe gehörten auch die im Jahr 1958 vorgestellten Dreizylinder-Schleppermodelle D 40 und D 40 S.

ZF-Gemmer-Lenkung

Die leichtgängige ZF-Gemmer-Lenkung sorgte für einen kleinen Wenderadius. Der Fahrer saß auf einem weich gefederten Muldensitz mit einstellbarer hydraulischer Stoßdämpfung und Schaumgummipolsterung. Gegen Aufpreis waren als Sonderzubehör ein Mähantrieb, ein Stockey&Schmitz-Seitenmähwerk mit Handaushebung, eine seitlich an der Zapfwelle aufsteckbare Riemenscheibe, die hydraulische Deutz-Bosch-Kraftheberanlage mit Dreipunkt-Gerätekupplung der Größe II mit 800 kg sowie ein Baas-Frontlader der Größe 3 für 700 kg Nutzlast mit zusätzlicher Fronthydraulik und Vorderachsverstärkung erhältlich.

Deutz D 40 S

Hersteller:	**Klöckner-Humbolt-Deutz AG, Köln-Deutz**
Ausführung:	**Deutz D 40 S**
Gesamtserie:	**33.535 Stück (alle Ausführungen)**
Technische Daten:	
Erstes Baujahr:	*1958*
Bauweise:	*rahmenlose Blockbauweise*
Motorart:	*3-Zylinder/4-Takt*
Höchstgeschwindigkeit:	*20 km/h*
Betriebsstoff:	*Diesel*
Kühlsystem:	*Luft mit Radialgebläse*
Leistung:	*27,8 kW (38 PS)*
Drehzahl:	*2300 U/min*
Getriebe:	*Siebenganggetriebe*
Hubraum:	*2550 ccm*
Gewicht:	*1750 kg*
Antrieb:	*Hinterradantrieb*

1958

Fiat 411 R

Hersteller:	**Fiat Trattori SpA, Turin, Italien**
Ausführung:	**Fiat 411 R**
Gesamtserie:	**keine Angabe**
Technische Daten:	
Erstes Baujahr:	*1958*
Bauweise:	*rahmenlose Blockbauweise*
Motorart:	*4-Zylinder/4-Takt*
Höchstgeschwindigkeit:	*22 km/h*
Betriebsstoff:	*Diesel*
Kühlsystem:	*Wasserumlaufkühlung*
Leistung:	*25,6 kW (35 PS)*
Drehzahl:	*2300 U/min*
Getriebe:	*Sechsganggetriebe*
Hubraum:	*2270 ccm*
Gewicht:	*1519 kg*
Antrieb:	*Hinterradantrieb*

Der größte italienische Traktorenhersteller baute ursprünglich seit den 1930er-Jahren Raupenschlepper. Ab 1950 erlebte das Unternehmen nicht zuletzt durch eine innovative und zeitgemäße Technik einen rasanten Aufstieg im Schlepperbau. Die in ihrem charakteristischen Dunkelgelb bis Orange gehaltenen Schlepper waren in der Landwirtschaft Italiens sehr häufig anzutreffen.

Die starke 400er-Serie von Fiat

Im Jahr 1958 war zeitgleich mit den Modellen der 300er-Serie die stärkere Serie der 400er-Traktoren auf den Markt gekommen. In diese Fahrzeuge wurden die Vierzylinder-Vorkammer-Dieselmotoren der Reihe 615 mit einem größeren Hubvolumen eingebaut. Außergewöhnlich stark war auch die aus zwei geschalteten 12-V-Anlagen bestehende 24-V-Licht- und -Anlasseranlage. Im Fiat 411 R wurde das schon bewährte Sechsganggetriebe mit zwei Rückwärtsgängen verwendet. Der Motor konnte mit 35 PS und 2300 Umdrehungen pro Minute eine Höchstgeschwindigkeit von bis zu 22 Stundenkilometern erreichen. Fiat baute von der 400er-Serie im Laufe der Zeit verschiedene Varianten, unter anderem auch einen Schmalspur- und einen Allradschlepper.

Der robuste, starke Dieselschlepper Fordson Super Major schlug auf dem Markt ein wie eine Bombe. Dieser starke und sehr robuste Schlepper erfreute sich großer Beliebtheit. Schon im zweiten Produktionsjahr liefen 45.435 Fahrzeuge vom Band. Mit diesem Modell gelang es Fordson, sich auf dem deutschen Markt zu behaupten, zumal der Grundpreis bei nur 14.000 DM lag.

Konkurrenz für den deutschen Markt

In diesem günstigen Preis waren auch Getriebezapfwelle und Regelhydraulik bereits enthalten, so wurde der Super Major zu einem ernst zu nehmenden Konkurrenten für die deutschen Schlepperhersteller. Der Motor des Super Major war ein sehr moderner Vierzylinder-Dieselmotor mit 52 PS sowie mit fünffach gelagerter Kurbelwelle und zahnradgetriebener Nockenwelle. Durch seine Bauweise eignete sich der Fordson hervorragend für die schwierigsten Bodenverhältnisse und bewährte sich im schweren Einsatz duch seine technischen Leistungsmerkmale. Ein angenehm zu schaltendes Sechsgang-Gruppengetriebe mit zwei Übersetzungsebenen sowie Motorzapfwelle, Riemenscheibe, Verdeck und viele andere Ausrüstungsgegenstände gab es als Sonderzubehör.

Fordson Super Major

Hersteller:	**Henry Ford & Son, Rouge Plant Dearborn, Michigan, USA**
Ausführung:	**Fordson Super Major**
Gesamtserie:	**236.000 Stück (alle Ausführungen)**
Technische Daten:	
Erstes Baujahr:	*1958*
Bauweise:	*rahmenlose Blockbauweise*
Motorart:	*4-Zylinder/4-Takt*
Höchstgeschwindigkeit:	*19,6 km/h*
Betriebsstoff:	*Diesel*
Kühlsystem:	*Wasserumlaufkühlung*
Leistung:	*38,2 kW (52 PS)*
Drehzahl:	*1650 U/min*
Getriebe:	*Sechsganggetriebe*
Hubraum:	*3610 ccm*
Gewicht:	*2475 kg*
Antrieb:	*Hinterradantrieb*

1958

Güldner ABL	
Hersteller:	**Güldner Motoren-Werke, Aschaffenburg**
Ausführung:	**Güldner ABL**
Gesamtserie:	**1430 Stück**
Technische Daten:	
Erstes Baujahr:	*1958*
Bauweise:	*rahmenlose Blockbauweise*
Motorart:	*2-Zylinder/4-Takt*
Höchstgeschwindigkeit:	*18,8 km/h*
Betriebsstoff:	*Diesel*
Kühlsystem:	*Luftkühlung*
Leistung:	*18,3 kW (25 PS)*
Drehzahl:	*1800 U/min*
Getriebe:	*Sechsganggetriebe*
Hubraum:	*1840 ccm*
Gewicht:	*1460 kg*
Antrieb:	*Hinterradantrieb*

Im Jahr 1958 überarbeitete die Firma Güldner ihr Schleppermotorenprogramm. Vorrangig betraf dies die Umrüstung der früher verwendeten Rollenlager auf Gleitlager, was zu einer besseren Leistungsausbeute führte. Diese innovative Maßnahme hatte verschiedene Umstellungen des gesamten Schlepperprogramms auf die neuen Antriebsaggregate zur Folge. Auch eine veränderte Typenbezeichnung und Leistungsklassifizierung waren nötig.

Neue Motorverkleidung

Darunter fiel auch der ab 1955 produzierte, 22 PS starke luftgekühlte Zweizylinder Güldner ALB. Er wurde danach in ABL umbenannt und als 25-PS-Schlepper angeboten. Die Motorveränderungen wurden in Verbindung mit den neuen Typenbezeichnungen zum Anlass genommen, die alten Haifischhauben durch völlig neu gestaltete, modernere Motorverkleidungen auszutauschen. Die weitere technische Ausstattung wurde nur wenig geändert. Der mit einem Sechsganggetriebe der Zahnradfabrik Passau bestückte 2LB-Güldner-Motor gehörte leistungsmäßig zur unteren Mittelklasse. Vom ABL wurden 1430 Fahrzeuge gebaut. Sie blieben bis 1959 in den Verkaufslisten und wurden durch den luftgekühlten Burgund aus der Europa-Reihe ersetzt.

MAN
Ackerdiesel

M·A·N
Ackerdiesel

Im Jahr 1958 erfuhr der schwere Hanomag-Radschlepper durch das Modell R 450 eine erneute leistungsmäßige Steigerung. Daneben gab es die überwiegend mit Muschelkotflügeln ausgerüstete Exportausführung R 450 E mit 55 PS, die bis auf wenige Details dem vorangegangenen R 455 E völlig entsprach.

Reichhaltige Serienausstattung

In diesem bewährten Hanomag-Radschlepper arbeitete der seit 1950 verwendete Vierzylinder-Vorkammer-Diesel D 57. Das Fünfganggetriebe war auf Wunsch als Untersetzergetriebe lieferbar. Außerdem gab es auch hier eine schnellere Getriebeversion für 25 km/h. Als Serienausstattung gab es eine 12-V-Licht- und -Anlassanlage, Signalhorn, Anschluss für Anhängerbeleuchtung, Differenzialsperre, Einzelradlenkbremse, Ackerschiene mit Plattform, parallelogrammgefederten Schwingsitz, der hydraulisch gedämpft und verstellbar war, Hand- und Fußmotorregulierung, Öldruckkontrolle, Getriebezapfwelle, Riemenscheibenantrieb und Riemenscheibe, breite, mit Trittbrettern verbundene Kotflügel vorn und hinten und Kühlwasserthermometer. Auf Wunsch erhältlich waren eine Motorzapfwelle mit Doppelkupplung und ein hydraulischer Dreipunktkraftheber von Bosch.

Hanomag R 450

Hersteller:	**Hannoversche Maschinenbau AG, Hannover**
Ausführung:	**Hanomag R 450**
Gesamtserie:	**2860 Stück**
Technische Daten:	
Erstes Baujahr:	*1958*
Bauweise:	*rahmenlose Blockbauweise*
Motorart:	*4-Zylinder/4-Takt*
Höchstgeschwindigkeit:	*19,8 km/h (mit Schnellgang 25 km/h)*
Betriebsstoff:	*Diesel*
Kühlsystem:	*Wasserumlaufkühlung*
Leistung:	*36,6 kW (50 PS)*
Drehzahl:	*1250 U/min*
Getriebe:	*Fünfganggetriebe*
Hubraum:	*5702 ccm*
Gewicht:	*3270 kg*
Antrieb:	*Hinterradantrieb*

1958

IHC D 440 Standard

Hersteller:	**International Harvester Company, Neuss/Rhein**
Ausführung:	**IHC D 440 Standard**
Gesamtserie:	**1787 Stück**
Technische Daten:	
Erstes Baujahr:	*1958*
Bauweise:	*rahmenlose Blockbauweise*
Motorart:	*4-Zylinder/4-Takt*
Höchstgeschwindigkeit:	*20 km/h*
Betriebsstoff:	*Diesel*
Kühlsystem:	*Wasserumlaufkühlung*
Leistung:	*29,3 kW (40 PS)*
Drehzahl:	*1900 U/min*
Getriebe:	*Achtganggetriebe*
Hubraum:	*2175 ccm*
Gewicht:	*1886 kg*
Antrieb:	*Hinterradantrieb*

Bereits ab August des Jahres 1958 wurde der D 440 in Serie gefertigt, er war das damalige Spitzenmodell aus dem Neusser IH-Programm. Dieser 40 PS starke Schlepper unterschied sich rein äußerlich ganz erheblich vom Erscheinungsbild des D 430, des bisher größten Fahrzeugs aus dem IH-Verkaufsangebot. Das Fahrzeug war mehr als 20 cm breiter ausgefallen und ein anderes Frontgitter gab ihm in Verbindung mit der breiteren Haube und dem angepassten neuen Armaturenbrett ein kraftvolleres, wuchtigeres Aussehen.

IH-Agriomatic-Getriebe

Der D 440 war ein starker, mit einer unabhängigen Zapfwelle ausgerüsteter Traktor. Er war ein Fahrzeug für den großen Betrieb, der seinen Schlepper überwiegend vor zapfwellengetriebenen Anhängegeräten, aber auch für schwere Zugarbeiten einsetzte. Seine größte Anhängelast im achten Gang betrug 25 Tonnen. Das serienmäßig installierte IH-Agriomatic-Getriebe verfügte über acht Vorwärts- und zwei Rückwärtsgänge. Ferner war der D 440 mit einem neuen teleskopischen Einweg-Getriebeschalthebel ausgerüstet sowie mit hand- und fußbetätigter Differenzialsperre mit Federdruck und automatischer Auslösung.

Ab 1956 war man bei Kramer bemüht, einen weiteren Teil des Traktorenprogramms auf die aus eigener Herstellung stammenden Getriebe umzustellen. Zu dieser Zeit bezog man den benötigten Bedarf überwiegend von der Zahnradfabrik Friedrichshafen, vereinzelt aber auch von der Zahnradfabrik Augsburg. Bei ZF kam es infolge der bereits voll ausgeschöpften Baukapazitäten immer wieder zu Engpässen. Um sich gegenüber diesen Störungen abzusichern, begann Kramer, ein eigenes Getriebe zu entwickeln. In der Grundausrüstung bestand es aus fünf Vorwärtsgängen und einem Rückwärtsgang, es gab auch eine Kriechganguntersetzung, mit welcher dann die jeweils doppelte Gangzahl, also zehn Vorwärts- und zwei Rückwärtsgänge, zur Verfügung stand.

Der neue Deutz-Dieselmotor F 2 L 712

Ab Mai 1958 kam in dem Modell KL 250 der neue Deutz-Dieselmotor F 2 L 712 zum Einsatz. Im Gegensatz zum KL 220 wurden Zapfwelle und Triebrad stärker ausgeführt. Getriebe und Hydraulikanlage mit 1100 kg Hubkraft übernahm man unverändert vom Vorgänger. Dieser Traktor kostete 9250 DM und insgesamt 1715 gefertigte Einheiten stellten ein durchaus annehmbares Ergebnis dar.

Kramer KL 250

Hersteller:	**Kramer GmbH, Überlingen und Gutmadingen**
Ausführung:	**Kramer KL 250**
Gesamtserie:	**1715 Stück**
Technische Daten:	
Erstes Baujahr:	*1958*
Bauweise:	*rahmenlose Blockbauweise*
Motorart:	*2-Zylinder/4-Takt*
Höchstgeschwindigkeit:	*20 km/h*
Betriebsstoff:	*Diesel*
Kühlsystem:	*Luft mit Radialgebläse*
Leistung:	*17,6 kW (24 PS)*
Drehzahl:	*2250 U/min*
Getriebe:	*Fünfganggetriebe*
Hubraum:	*1700 ccm*
Gewicht:	*1350 kg*
Antrieb:	*Hinterradantrieb*

1958

Massey Ferguson 35

Hersteller:	**Massey Ferguson Ltd., Coventry, England**
Ausführung:	**Massey Ferguson 35**
Gesamtserie:	**221.000 Stück (alle Ausführungen)**
Technische Daten:	
Erstes Baujahr:	*1958*
Bauweise:	*rahmenlose Blockbauweise*
Motorart:	*3-Zylinder/4-Takt*
Höchstgeschwindigkeit:	*keine Angabe*
Betriebsstoff:	*Diesel*
Kühlsystem:	*Wasserumlaufkühlung*
Leistung:	*25,6 kW (35 PS)*
Drehzahl:	*2000 U/min*
Getriebe:	*Sechsganggetriebe*
Hubraum:	*2258 ccm*
Gewicht:	*1450 kg*
Antrieb:	*Hinterradantrieb*

Im Jahr 1847 gründete Daniel Massey in Newcastle, Ontario, die Massey Manufacturing Company. 1953 fusionierte die Firma Harry Ferguson Ltd. mit der Firma Massey Harris. So entstand die Massey-Harris-Ferguson Ltd., aus der sich Ferguson im Juli 1954 ganz zurückzog. Die Fahrzeuge wurden dann ab Anfang 1958 unter der Firmierung Massey Ferguson sowie unter der bis heute bekannten Kombination aus dem Massey-Harris-Rot für Haube und Kotflügel und Ferguson-Grau für alle übrigen Bauteile vertrieben.

Ein Nachfahre des grauen „Fergie 20"

Im Jahr 1958 wurden die Betriebsanlagen auch in Deutschland modernisiert. Das war die Geburtsstunde des MF 35, einem direkten Nachfahren des grauen „Fergie 20", allerdings mit deutlich mehr Leistung und mit einer roten Lackierung. Der MF 35 wurde mit dem Dreizylinder-Perkins-Dieselmotor AG 3.152 mit Wasserkühlung versehen. Er leistete 35 PS bei einer Drehzahl von 2000 Umdrehungen pro Minute. Der Schlepper besaß ein Sechsganggetriebe mit zwei Rückwärtsgängen, die zwischen 2,1 und 22,5 Stundenkilometern abgestuft waren. Er wurde in sehr großen Stückzahlen gebaut.

Jakob Warchalowski begann im Jahr 1858, in einem kleinen Betrieb Maschinen zu bauen, und legte damit den Grundstein dieses Unternehmens. Nach dem Zweiten Weltkrieg begann man mit dem Bau von Stationärmotoren und nach 1956 wurden die ersten Traktoren gefertigt. Seine gute Qualität ließ ihn auch in größeren Wirtschaftsräumen bestehen, was die Exporte in Länder wie Indochina, Brasilien und die USA bezeugen.

Leichter, kleiner Traktor

Der erfolgreiche kleine Traktor WT 20 von Warchalowski war der Nachfolger des WT 14. Er wurde ab 1958 gebaut und von Werkseite mit verschiedenen Gewichtsangaben beworben. So lautete in einem Prospekt die Angabe 860 Kilogramm, im nächsten war schon von 885 Kilogramm die Rede und im letzten gar von 1250 Kilogramm, hier allerdings mit Hydraulik und hinterem Ballastgewicht. Diese Diskrepanz ist vermutlich auf Konkurrenzfirmen zurückzuführen, die in der Fachpresse meinten, dass ein so leichter Traktor vermutlich nicht genug Leistung auf den Boden bringen könnte. Die Motorhaube wurde im Laufe der Jahre etwas verändert. Während die älteren Modelle eine ungeteilte Kühlermaske hatten, gab es bei neueren Fahrzeugen eine geteilte Maske.

Warchalowski WT 20

Hersteller:	**Maschinenfabrik Warchalowski, Wien, Österreich**
Ausführung:	**Warchalowski WT 20**
Gesamtserie:	**6504 Stück**
Technische Daten:	
Erstes Baujahr:	*1958*
Bauweise:	*rahmenlose Blockbauweise*
Motorart:	*2-Zylinder/4-Takt*
Höchstgeschwindigkeit:	*24,9 km/h*
Betriebsstoff:	*Diesel*
Kühlsystem:	*Luftkühlung*
Leistung:	*13,2 kW (18 DIN-PS, 20 SAE-PS)*
Drehzahl:	*2600 U/min*
Getriebe:	*Fünfganggetriebe*
Hubraum:	*1145 ccm*
Gewicht:	*860 kg*
Antrieb:	*auf die Hinterachse*

1959

Bautz 200

Hersteller:	**Josef Bautz GmbH, Saulgau**
Ausführung:	**Bautz 200**
Gesamtserie:	**1955 Stück**
Technische Daten:	
Erstes Baujahr:	*1959*
Bauweise:	*rahmenlose Blockbauweise*
Motorart:	*2-Zylinder/4-Takt*
Höchstgeschwindigkeit:	*20 km/h*
Betriebsstoff:	*Diesel*
Kühlsystem:	*Luft mit Axialgebläse*
Leistung:	*11 kW (15 PS)*
Drehzahl:	*2300 U/min*
Getriebe:	*Achtganggetriebe*
Hubraum:	*1004 mm*
Gewicht:	*1035 kg*
Antrieb:	*Hinterradantrieb*

Das Bautz-Modell 200 war für seine Zeit ein recht moderner Schlepper. Vor allem die völlig neue Lenkradschaltung sorgte für nachhaltige Beachtung in der Branche. Der Typ 200 war für ausgesprochene Kleinbetriebe oder als Zweit- und Pflegeschlepper für größere Höfe vorgesehen. Die Käufer reagierten aber eher zurückhaltend auf Tragschlepperkonstruktionen, denn hierfür war meist der Kauf neuer Anbaugeräte erforderlich. Die steigende Nachfrage nach stärkeren Schleppern führte dazu, dass der Bautz 200 mit 1955 Exemplaren nicht die Verkaufszahlen des 300 erreichen konnte.

Tragschlepper

Der Lieferumfang des 200 bestand aus der 12-V-Beleuchtungs- und -Startanlage, Differenzialsperre, Lenkbremse, zwei Kotflügelsitzen, gefedertem drehbarem und höhenverstellbarem Zugmaul hinten und vorderem Zugmaul und der Ackerschiene. Er besaß nicht nur eine Getriebezapfwelle, sondern auch eine Wegzapfwelle. Zur Sonderausrüstung zählten Vorderradkotflügel, Mähwerk, Zusatzgewichte, Riemenscheibe, Zwischenachsgeräteaushebung, hydraulischer Dreipunktkraftheber und eine hydraulische Raddruckverstärkungsanlage.

1959

Der Deutz D 40.1 S gehörte 1958 leistungsmäßig bereits zur gehobenen Mittelklasse der Dreizylinder-Schlepper. In ihrem äußeren Erscheinungsbild entsprachen diese Traktoren zunächst noch völlig der früheren 514er-Reihe.

Mehrleistung durch Steigerung der Drehzahl

Der D 40.1 S besaß den 35-PS-Motor F 3 L 712 des D 40, unterschied sich aber durch die höhere Leistung von 38 PS von ihm. Die Mehrleistung wurde durch Steigerung der Drehzahl erreicht. Im D 40.1 S war das ebenfalls siebengängige Deutz-Getriebe des F2L514/6, das aber mit einer Doppelkupplung ausgerüstet war. Damit stand im D 40.1 S, im Gegensatz zum D 40, der nur eine Getriebezapfwelle besaß, eine serienmäßig erhältliche Motorzapfwelle zur Verfügung. Diese war auch als Wegzapfwelle schaltbar. Beide Getriebevarianten besaßen fußbetätigte, automatisch ausrückbare Differenzialsperren und jeweils sieben Vorwärts- und drei Rückwärtsgänge in den Geschwindigkeitsbereichen von 2,2 bis 20 Stundenkilometern. Auf Wunsch stand ein unterhalb des Getriebes anflanschbares zusätzliches Kriechganggetriebe mit den Geschwindigkeiten von 0,6, 1,4 und 2,6 Stundenkilometern zur Verfügung.

Deutz D 40.1 S

Hersteller:	**Klöckner-Humbolt-Deutz AG, Köln-Deutz**
Ausführung:	**Deutz D 40.1 S**
Gesamtserie:	**33.535 Stück (alle Ausführungen)**
Technische Daten:	
Erstes Baujahr:	*1959*
Bauweise:	*rahmenlose Blockbauweise*
Motorart:	*3-Zylinder/4-Takt*
Höchstgeschwindigkeit:	*20 km/h*
Betriebsstoff:	*Diesel*
Kühlsystem:	*Luft mit Radialgebläse*
Leistung:	*27,8 kW (38 PS)*
Drehzahl:	*2300 U/min*
Getriebe:	*Siebenganggetriebe*
Hubraum:	*2550 ccm*
Gewicht:	*2040 kg*
Antrieb:	*Hinterradantrieb*

1959

Eicher EM 300 Königstiger

Hersteller:	**Eicher Traktoren- und Landmaschinen Werke, Forstern**
Ausführung:	**Eicher EM 300**
Gesamtserie:	**19.473 Stück (alle Ausführungen)**
Technische Daten:	
Erstes Baujahr:	*1959*
Bauweise:	*rahmenlose Blockbauweise*
Motorart:	*3-Zylinder/4-Takt*
Höchstgeschwindigkeit:	*19,8 km/h*
Betriebsstoff:	*Diesel*
Kühlsystem:	*Luft mit Radialgebläse*
Leistung:	*25,6 kW (35 PS)*
Drehzahl:	*2000 U/min*
Getriebe:	*Achtganggetriebe*
Hubraum:	*2944 ccm*
Gewicht:	*1850 kg*
Antrieb:	*Hinterradantrieb*

Das wichtigste neue Modell des Jahres 1959 war bei Eicher das mit einem EDK-Dreizylindermotor bestückte Modell Königstiger. Dieser sehr schöne Schlepper mit seinem markanten Kühlerlüftungsgitter war mit zunächst 35 PS in der damals überaus wichtigen und viel gefragten Leistungsklasse zwischen 30 und 40 PS angesiedelt. Unter der technischen Bezeichnung EM 300 wurde das Fahrzeug geführt und war damals das stärkste Modell innerhalb der Raubtier-Reihe mit EDK-Motoren.

Der Königstiger

Der Königstiger war ein Blockbauschlepper mit einer großen Bodenfreiheit von 365 Millimetern. Er verfügte über das ZF-Getriebe A 210, das in drei jeweils vier Gangstufen umfassende Schaltgruppen – Ackergänge, Straßengänge und Rückwärtsgänge – unterteilt war. Dieses hochmoderne Getriebe besaß bereits die fortschrittliche Bolzenschaltung und war daher besonders leicht zu handhaben. Durch die Einzelradsteuerung war der Königstiger leicht zu lenken und hatte dadurch auch einen geringen Wendekreis. Dies war ein großer Vorteil beim Rangieren in schwierigem Gelände, auf engen Höfen oder beim Frontladereinsatz.

1959

Zu den aus der Zusammenarbeit zwischen Fahr und Güldner entstandenen Traktoren zählte auch der Fahr D 131 W. Mit der Vorstellung von gleich vier verschiedenen Schleppermodellen bei der Frankfurter DLG-Ausstellung im Mai 1959 erfolgte bei Fahr der Start der Europa-Reihe.

Der Typ Fahr D 131 wurde nun nicht mehr in Gottmadingen produziert, sondern gemäß der festgelegten Produktionsaufteilung mit den Güldner-Werken in Aschaffenburg. Das 20 PS starke Traktorenmodell gab es alternativ als Fahr D 131 W mit Wasserkühlung und als Fahr D 131 L in luftgekühlter Ausführung.

Die Fahr/Güldner Europa-Reihe

Der Fahr D 131 gehörte der damaligen mittleren Leistungsgruppe an, wobei sich die Zielgruppe an mittleren Betriebsgrößen orientierte. Die Modelle erwiesen sich als solide und durchaus alltagstauglich. Da sich Fahr mit der gesamten Europa-Reihe finanziell übernommen hatte, kam die Produktion unerwartet schnell zu einem Ende. Als Konsequenz daraus mussten sowohl die Zusammenarbeit mit Güldner als auch der gesamte Schlepperbau beendet werden.

Fahr D 131 W

Hersteller:	**Maschinenfabrik Fahr AG, Gottmadingen**
Ausführung:	**Fahr D 131 W**
Gesamtserie:	**450 Stück**
Technische Daten:	
Erstes Baujahr:	*1959*
Bauweise:	*rahmenlose Blockbauweise*
Motorart:	*2-Zylinder/4-Takt, Güldner 2 DNS*
Höchstgeschwindigkeit:	*19,87 km/h*
Betriebsstoff:	*Diesel*
Kühlsystem:	*Wasserkühlung mit Wasserpumpe*
Leistung:	*14,6 kW (20 PS)*
Drehzahl:	*2200 U/min*
Getriebe:	*Achtganggetriebe*
Hubraum:	*1305 ccm*
Gewicht:	*1180 kg*
Antrieb:	*Hinterradantrieb*

Hatz TL 13

Hersteller:	**Hatz Motorenfabrik GmbH, Ruhstorff**
Ausführung:	**Hatz TL 13**
Gesamtserie:	**970 Stück**

Technische Daten:

Erstes Baujahr:	*1959*
Bauweise:	*rahmenlose Blockbauweise*
Motorart:	*1-Zylinder/4-Takt*
Höchstgeschwindigkeit:	*20 km/h*
Betriebsstoff:	*Diesel*
Kühlsystem:	*Luft mit Radialgebläse*
Leistung:	*9,5 kW (13 PS)*
Drehzahl:	*2600 U/min*
Getriebe:	*Sechsganggetriebe*
Hubraum:	*668 ccm*
Gewicht:	*860 kg*
Antrieb:	*Hinterradantrieb*

Bis ins Jahr 1890 reicht die Gründung der Motorenfirma Hatz durch Mathias Hatz zurück. Als Reparaturwerkstatt für landwirtschaftliche Geräte begann er schon bald mit der Fabrikation von Schrotmühlen, Häckslern und Windturbinen. Das damit verdiente Geld ermöglichte dem Sohn des Firmengründers 1906 die Entwicklung eines ersten Verbrennungsmotors, der von den Bauern in der Umgebung als Stationärmotor genutzt wurde. Nach dem Zweiten Weltkrieg war der Neubeginn für Hatz überaus schwierig, und so entschloss man sich, dem Motorenbau eine Traktorenfabrik anzugliedern.

Verkaufsstärkstes Fahrzeug von Hatz

Zwischen 1957 und 1960 wurden von Hatz mehrere Typen vorgestellt. Obwohl der Betrieb keine wesentliche Rolle auf dem Schleppermarkt spielte, meinte man bei Hatz, ein großes, breit gefächertes Typenprogramm anbieten zu müssen. Das war aber nicht nur ein Problem von Hatz, sondern auch von vielen andere kleinen Schlepperherstellern. Hatz konnte aber immerhin 1958 und 1960 den jeweils 19. Platz in der Zulassungsstatistik erreichen. Der TL 13 entwickelte sich zum verkaufsstärksten Fahrzeug von Hatz.

1959

Nach dem Bauende des D 440 blieb der ab 1959 verkaufte D 436, abgesehen von importierten, meist englischen Rad- und Kettenschleppern, der stärkste Schlepper im deutschen IH-Programm. Diese Maschine unterschied sich motorisch durch ihre größere Zylinderbohrung und das dadurch größere Hubvolumen sowie den fehlenden Lader des D 440. Auch besaß er serienmäßig das Agriomatic-Getriebe.

IH-Agriomatic-Getriebe

Im D 436 arbeitete der bereits im D 440 verwendete Vierzylinder-Viertakt-Wirbelkammer-Dieselmotor mit einer fünffach gelagerten Kurbelwelle. Das serienmäßig installierte IH-Agriomatic-Getriebe verfügte über acht Vorwärts- und zwei Rückwärtsgänge. Die Pendelvorderachse war einzelradgefedert und nur als Sonderausstattung ausziehbar. Die serienmäßig vorhandene Ausrüstung bestand aus fünf unterschiedlichen Kraftabgabestellen, Motorzapfwelle, Betriebsfußbremse kombiniert mit Lenkbremse, zweiter, unabhängiger Bremse mit Handfeststellhebel, kombiniertem Handgashebel und Fußgaspedal, verlängertem, nach hinten geführtem Auspuffrohr, Schalldämpfer, elektrischem 12-V-Anlasser mit Vorglüheinrichtung und vielem mehr.

IHC D 436

Hersteller:	**International Harvester Company, Neuss/Rhein**
Ausführung:	**IHC D 436**
Gesamtserie:	**7243 Stück**
Technische Daten:	
Erstes Baujahr:	*1959*
Bauweise:	*rahmenlose Blockbauweise*
Motorart:	*4-Zylinder/4-Takt*
Höchstgeschwindigkeit:	*20 km/h*
Betriebsstoff:	*Diesel*
Kühlsystem:	*Wasserumlaufkühlung*
Leistung:	*26,4 kW (36 PS)*
Drehzahl:	*1900 U/min*
Getriebe:	*Sechsganggetriebe*
Hubraum:	*2434 ccm*
Gewicht:	*1425 kg*
Antrieb:	*Hinterradantrieb*

MAN 4 L 1

Hersteller:	**MAN AG, München**
Ausführung:	**MAN 4 L 1**
Gesamtserie:	**1325 Stück**
Technische Daten:	
Erstes Baujahr:	*1959*
Bauweise:	*rahmenlose Blockbauweise*
Motorart:	*2-Zylinder/4-Takt*
Höchstgeschwindigkeit:	*20 km/h*
Betriebsstoff:	*Diesel*
Kühlsystem:	*Wasserumlaufkühlung*
Leistung:	*18,3 kW (25 PS)*
Drehzahl:	*1800 U/min*
Getriebe:	*Sechsganggetriebe*
Hubraum:	*1842 ccm*
Gewicht:	*1580 kg*
Antrieb:	*Allradantrieb (zuschaltbar)*

Der MAN-Allradschlepper 4 L 1 war eine sehr solide und ausgereifte Traktorkonstruktionen. Gebaut und eingesetzt wurden sie hauptsächlich für mittlere Betriebsgrößen. Durch Neuordnung des Verkaufsprogramms wurde der Bau der Modelle 4 K 1 und 4 L 1 im Jahr 1960 eingestellt.

Sparsamer Verbrauch

Beim MAN 4 L 1 sorgten direkteinspritzende, besonders sparsame Zweizylinder-M-Dieselmotoren für den notwendigen Vortrieb. Das Klauenschaltgetriebe A 8/6 der Zahnradfabrik Friedrichshafen erleichterte das Einlegen der Gänge ganz erheblich. Es verfügte über sechs Vorwärtsgänge und einen Rückwärtsgang. Dabei war die erste Gangstufe als voll belastbarer Kriechgang ausgebildet. Die Bremsanlage bestand aus Hand- und Fußbremse als Feststell-, Betriebs- und Lenkbremse. Die Spurweite war serienmäßig vorn und hinten verstellbar und die Bodenfreiheit von 400 Millimetern reichte für alle Saat- und Pflegearbeiten völlig aus. Mit seinem Tankinhalt von 26 Litern konnte der Landwirt aufgrund des sparsamen Verbrauchs des 4 L 1 mindestens einen Arbeitstag durchkommen, ohne dass er zwischendurch nachtanken musste.

Ab April 1959 änderte die Firma Schlüter ihre Typenbezeichnungen in zweistellige Nummern. Der kleinste Schlepper aus dem neuen Typenprogramm war der S 15, den es mit 15 bis 17 PS gab. Nach wie vor hatten die Schlüter-Traktoren eine überdurchschnittlich lange Lebensdauer, was sowohl der guten Verarbeitungsqualität als auch den großvolumigen Motoren mit ihren verhältnismäßig niedrigen Drehzahlen zu verdanken war.

Blockkraftheber

Bei den Traktoren S 15 bzw. SL 15 konnte man nach wie vor zwischen einer wasser- und einer luftgekühlten Bauvariante wählen. Mit dem ZF-Getriebe A 5/6 oder dem Hurth G 819 ausgerüstet hatte der S 15 sechs Vorwärtsgänge und einen Rückwärtsgang. Der Unterschied zu seinem Vorgänger bestand aus dem 18 mm starken Ring zwischen Motor und Getriebe und dem längeren Radstand. Auch konnte man anstelle des Bosch-Krafthebers wahlweise einen Blockkraftheber von Hurth oder ZF bekommen. Eine Sonderausführung des S 15 war der mit dem ZF-A-5/5-Fünfganggetriebe ausgerüstete Plantagenschlepper S 15 S, der schmaler und kürzer gebaut war. Dieser für Sonderkulturen geeignete Traktor entstand aber nur in geringer Stückzahl.

Schlüter S 15

Hersteller:	**Anton Schlüter GmbH, München-Freising**
Ausführung:	**Schlüter S 15**
Gesamtserie:	**560 Stück**
Technische Daten:	
Erstes Baujahr:	*1959*
Bauweise:	*rahmenlose Blockbauweise*
Motorart:	*1-Zylinder/4-Takt*
Höchstgeschwindigkeit:	*20 km/h*
Betriebsstoff:	*Diesel*
Kühlsystem:	*Luft mit Radialgebläse*
Leistung:	*11 kW (15 PS)*
Drehzahl:	*1500 U/min*
Getriebe:	*Sechsganggetriebe*
Hubraum:	*1506 ccm*
Gewicht:	*1285 kg*
Antrieb:	*Hinterradantrieb*

1959

Schlüter S 35

Hersteller:	**Anton Schlüter GmbH, München-Freising**
Ausführung:	**Schlüter S 35**
Gesamtserie:	**400 Stück**
Technische Daten:	
Erstes Baujahr:	*1959*
Bauweise:	*rahmenlose Blockbauweise*
Motorart:	*2-Zylinder/4-Takt*
Höchstgeschwindigkeit:	*20 km/h*
Betriebsstoff:	*Diesel*
Kühlsystem:	*Wasserumlaufkühlung*
Leistung:	*27,9 kW (38 PS)*
Drehzahl:	*1500 U/min*
Getriebe:	*Achtganggetriebe*
Hubraum:	*3220 ccm*
Gewicht:	*1880 kg*
Antrieb:	*Hinterradantrieb*

Durch den starken Strukturwandel in der Landwirtschaft Anfang der 60er-Jahre war es bald nötig, auch im Bereich zwischen 30 und 40 PS einen neuen Schlepper auf dem Markt zu positionieren. Der Universalschlepper S 35 von Schlüter war deshalb für größere Höfe und Großbetriebe eine sinnvolle Alternative.

Universalschlepper S 35

Der stärkere Schlüter S 35 ersetzte den AS 402. Er besaß den leicht gedrosselten Zweizylindermotor seines Vorgängers mit dreifach gelagerter Kurbelwelle und zwei Zylinderköpfen. Die serienmäßige Ausstattung bestand aus einer kompletten elektrischen 12-V-Beleuchtungs- und -Anlassanlage mit Vorglüheinrichtung, Differenzialsperre, Zapfwelle (Motorzapfwelle), Öldruckmanometer, Fernthermometer für Kühlwasser, Ölbadluftfilter, Schmieröl-Spaltfilter, Kraftstofffilter, Einzelradlenkbremsen, doppeltem Auspuffschalldämpfer, feststellbarem Handgas mit Motorabstellvorrichtung, Hinterradkotflügel mit links angeordnetem breitem Beifahrersitz, vorderer Anhängekupplung, gefederter drehbarer Anhängekupplung hinten, kurzer Anhängeschiene, Andrehkurbel sowie Werkzeugkasten mit komplettem Werkzeug.

Im Dezember 1959 wurde der unter der Werkbezeichnung EM 100 geführte 15-PS-Schlepper Leopard von Eicher präsentiert, der damit das Angebot der Firma nach unten hin abrundete. Dieses kleinste Modell der sogenannten Raubtier-Reihe war besonders für die kleineren landwirtschaftlichen Betriebe oder als Zweitschlepper für größere Bauernhöfe gedacht.

Auch als Tragschlepper geeignete Raubkatze

Dieser Universalschlepper bekam das von der Zahnradfabrik Friedrichshafen stammende ZFA4-Getriebe, das als zweistufiges Gruppenschaltgetriebe ausgebildet war, wobei der erste Gang als Kriechgang oder für schwere Zugarbeiten verwendbar war. Ausgerüstet war der Leopard mit Zapfwelle, Riemenantrieb und Mähwerk sowie auf Wunsch mit einem fahrunabhängig arbeitenden Dreipunktkraftheber. Als Zusatzausrüstung konnte ein Baas-Frontlader angebaut werden. Die große Bodenfreiheit in Verbindung mit der schmalen Bauweise ermöglichte auch den Anbau von Zwischenachsgeräten, sodass der Leopard zusätzlich auch als Tragschlepper verwendet werden konnte. Es bestand vorne, hinten und in der Mitte die Möglichkeit, Geräte anzubauen.

Eicher EM 100 Leopard

Hersteller:	**Eicher Traktoren- und Landmaschinen Werke, Forstern**
Ausführung:	**Eicher EM 100 Leopard**
Gesamtserie:	**5371 Stück**
Technische Daten:	
Erstes Baujahr:	*1960*
Bauweise:	*rahmenlose Blockbauweise*
Motorart:	*1-Zylinder/4-Takt*
Höchstgeschwindigkeit:	*20 km/h*
Betriebsstoff:	*Diesel*
Kühlsystem:	*Luft mit Radialgebläse*
Leistung:	*11 kW (15 PS)*
Drehzahl:	*2000 U/min*
Getriebe:	*Sechsganggetriebe*
Hubraum:	*981 ccm*
Gewicht:	*1054 kg*
Antrieb:	*Hinterradantrieb*

Fendt Farmer 2

Hersteller:	**Fendt und Co., Marktoberdorf**
Ausführung:	**Fendt Farmer 2**
Gesamtserie:	**23.405 Stück**
Technische Daten:	
Erstes Baujahr:	*1960*
Bauweise:	*rahmenlose Blockbauweise*
Motorart:	*3-Zylinder/4-Takt*
Höchstgeschwindigkeit:	*20 km/h*
Betriebsstoff:	*Diesel*
Kühlsystem:	*Wasserumlaufkühlung*
Leistung:	*25 kW (34 PS)*
Drehzahl:	*2600 U/min*
Getriebe:	*Achtganggetriebe*
Hubraum:	*2010 ccm*
Gewicht:	*1745 kg*
Antrieb:	*Hinterradantrieb*

„Wer Fendt fährt – führt!", das war das Motto der neuen Schleppergeneration. Der Farmer 2 wurde erstmals auf der DLG-Ausstellung in Köln im Jahr 1960 dem Publikum vorgestellt. Mit den Farmer-2-Modellen gelang Fendt der erfolgreiche Einstieg in den oberen Mittelklassebereich der Traktoren.

Gleichdruck-Vorkammer-Verbrennungsverfahren

Für den Antrieb sorgte ein nach dem neuen Gleichdruck-Vorkammer-Verbrennungsverfahren arbeitender wassergekühlter Dreizylinder-Dieselmotor von MWM. Das ZF-Halbsynchrongetriebe A210 verfügte über acht Vorwärts- und vier Rückwärtsgänge. ZF-Gemmer-Lenkung, Tornado-Duplex-Fahrkupplung und die blattgefederte, ausziehbare Fendt-Schwingachse waren weitere Merkmale dieses Schleppers. Der Fendt-Dreipunkt-Blockkraftheber verfügte über 1100 kg Hubkraft an der Zugschiene. Das Fendt-Hydro-Drucksystem ermöglichte eine zusätzliche Belastung der Antriebsachse bei angebauten Arbeitsgeräten. Neben Anhängeschiene, linker Kotflügelsitzbank, Differenzialsperre sowie Einzelradlenkbremsen war ein gummigefederter, nach Größe und Gewicht des Fahrers individuell einstellbarer Schwingsitz serienmäßig vorhanden.

1960

Mit dem Hanomag R 460 erhielt der R 450 im Jahr 1960 einen starken Nachfolger. Abgesehen von der zur Verfügung stehenden Mehrleistung besaßen die Getriebegänge 4 und 5 nun eine Klauenschaltung. Das verlängerte Getriebegehäuse gab es serienmäßig. Das ebenfalls mit Untersetzung lieferbare Getriebe war anders abgestuft und ließ den R 460 nun eine Maximalgeschwindigkeit von 30 km/h erreichen. Abgesehen von der neuen Hanomag-Pilot-Regelhydraulik waren die Grund- und die Zusatzausrüstung nahezu mit denen des Vormodells identisch.

Einsatz auch im Wald und auf der Straße

Der R 460 war mit 60 PS Motorleistung ein leistungsstarker Zugschlepper der oberen Schlepperklasse, der sich auf entsprechenden Hofgrößen bewährte. Insgesamt war er ein wirtschaftlicher Traktor, der ein sehr ausgewogenes Preis-Leistungs-Verhältnis bot. Mit dem Modell R 460 setzte die Hanomag die bereits über Jahre bewährte Tradition ihrer schweren Radschlepper fort. Der Schlepper war ein zugstarkes und robustes Fahrzeug, das sich vor allem vor schweren zapfwellengetriebenen Anhängegeräten, in Wald und Forst, aber auch bei schnellen Straßentransporten bewährte.

Hanomag R 460

Hersteller:	**Hannoversche Maschinenbau AG, Hannover-Linden**
Ausführung:	**Hanomag R 460**
Gesamtserie:	**1176 Stück**
Technische Daten:	
Erstes Baujahr:	*1960*
Bauweise:	*Rahmenbauweise*
Motorart:	*4-Zylinder/4-Takt*
Höchstgeschwindigkeit:	*bis 30 km/h*
Betriebsstoff:	*Diesel*
Kühlsystem:	*Umlaufkühlung mit Wasserpumpe*
Leistung:	*43,9 kW (60 PS)*
Drehzahl:	*1350 U/min*
Getriebe:	*Fünf- oder Zehnganggetriebe*
Hubraum:	*5702 ccm*
Gewicht:	*3430 bis 3600 kg*
Antrieb:	*Hinterradantrieb*

1960

Hanomag C 115 Greif

Hersteller:	**Hannoversche Maschinenbau AG, Hannover-Linden**
Ausführung:	**Hanomag C 115 Greif**
Gesamtserie:	**902 Stück**
Technische Daten:	
Erstes Baujahr:	*1960*
Bauweise:	*rahmenlose Blockbauweise*
Motorart:	*1-Zylinder/2-Takt*
Höchstgeschwindigkeit:	*20 km/h*
Betriebsstoff:	*Diesel*
Kühlsystem:	*Umlaufkühlung mit Wasserpumpe*
Leistung:	*10,2 kW (14 PS)*
Drehzahl:	*2350 U/min*
Getriebe:	*Sechsganggetriebe*
Hubraum:	*511 ccm*
Gewicht:	*912 kg*
Antrieb:	*Hinterradantrieb*

Mit dem Tragschlepper C 115 Greif erschien das letzte Modell aus der Einzylinder-Zweitakt-Motorenreihe bei Hanomag. Der Schlepper hatte mittlerweile die Kinderkrankheiten der Antriebstechnik abgelegt und war ein zuverlässiger, kleiner Universaltraktor geworden. In baulicher Hinsicht unterschied er sich grundlegend von seinem Vorgänger, dem C 112.

Kleinschlepper in Blockbauweise

Inzwischen war man von der Rahmen- zur Blockbauweise übergegangen und verwendete statt des eigenen Getriebes eines von der Zahnradfabrik Friedrichshafen (ZF). Es war das erste Mal nach dem Bauernschlepper RL 20, dass ein zugekauftes Getriebe einbaut wurde. Dieses Zweigruppen-Schaltgetriebe des Baumusters A 4 verfügte über sechs Vorwärts- und zwei Rückwärtsgänge. Während die drei Geschwindigkeiten der Arbeitsgruppe den Bereich von 1,50 bis 4,20 km/h abdeckten, umfasste die Straßengruppe den Bereich zwischen 7,42 und 20 km/h. Der C 115 blieb bis 1962 im Programm und wies mit 902 verkauften Einheiten in diesem Zeitraum einen nur mäßigen Verkaufserfolg auf. Ende 1961 kostete der Greif in der Grundausstattung 6900 DM. Er blieb ohne einen Nachfolger in dieser Traktorenklasse.

Der solide und zuverlässige Mehrzwecktraktor Famulus 36 war die mit Abstand meistgebaute Variante der Famulus-Familie, wobei von der wassergekühlten Variante 1927 Stück, von der wartungsfreundlicheren und preiswerteren luftgekühlten Ausführung RS 14/36 L allein 6006 Fahrzeuge im Jahr 1963 gebaut wurden.

„Treuer Diener" – Famulus

Der RS 14/36 L war an einer an der rechten Fahrzeugseite vorhandenen Ausbeulung der Motorhaube und am Luftfilter zu erkennen. Diese Ausführung wurde in der DDR eindeutig bevorzugt. Dagegen wurde im Exportgeschäft fast ausschließlich die wassergekühlte Variante verlangt. Die Exporte aber gingen ab 1961 wegen zu schwacher Leistung und technischer Überalterung der Konstruktion beinahe auf null zurück, denn blockkonstruierte Traktoren mit relativ geringer Leistung hatten auf dem internationalen Markt – selbst in Ostblockländern – kaum noch Verkaufschancen. Erst der wesentlich stärkere und für diese Einsatzbedingungen ungleich besser geeignete, ab 1967 erhältliche Großtraktor ZT 300 mit 90 PS brachte eine spürbare Entlastung.

VEB RS 14/36 Famulus

Hersteller:	**Volkseigene Betriebe, Nordhausen**
Ausführung:	**VEB RS 14/36 Famulus**
Gesamtserie:	**13.176 Stück (alle Ausführungen)**
Technische Daten:	
Erstes Baujahr:	*1960*
Bauweise:	*rahmenlose Blockbauweise*
Motorart:	*2-Zylinder/4-Takt*
Höchstgeschwindigkeit:	*26 km/h*
Betriebsstoff:	*Diesel*
Kühlsystem:	*Luft mit Axialgebläse*
Leistung:	*26,3 kW (36 PS)*
Drehzahl:	*1500 U/min*
Getriebe:	*2 x 5 Gänge*
Hubraum:	*3280 ccm*
Gewicht:	*2135 kg*
Antrieb:	*Hinterradantrieb*

1960

VEB RS 14/46 Famulus

Hersteller:	**Volkseigene Betriebe, Nordhausen**
Ausführung:	**VEB RS 14/46 Famulus**
Gesamtserie:	**3820 Stück**

Technische Daten:

Erstes Baujahr:	*1960*
Bauweise:	*rahmenlose Blockbauweise*
Motorart:	*2-Zylinder/4-Takt*
Höchstgeschwindigkeit:	*28,4 km/h*
Betriebsstoff:	*Diesel*
Kühlsystem:	*Wasserumlaufkühlung*
Leistung:	*33,8 kW (46 PS)*
Drehzahl:	*2000 U/min*
Getriebe:	*2 x 5 Gänge*
Hubraum:	*3280 ccm*
Gewicht:	*2369 kg*
Antrieb:	*Hinterradantrieb*

Gegen Ende der 1950er-Jahre wurde nach einem Ersatz für die in die Tage gekommenen „Pionier"- und „Harz"-Schlepper für die Bewirtschaftung der weiten Ackerflächen gesucht, die durch die zwangsweise Zusammenlegung der meisten landwirtschaftlichen Betriebe entstanden waren, kurz LPG (Landwirtschaftliche Produktionsgenossenschaft) genannt. Da die Anbauflächen eine solche Größe erreicht hatten, die mit dem bis dahin gebräuchlichen Famulus 36 nicht mehr zu schaffen war, machte man in Nordhausen Versuche mit dem 30 PS starken Zweizylinder-Wirbelkammermotor.

Das „14/46"-Experiment misslang

Im Laufe der Versuche gelang es schließlich, den Motor bis auf 2000 Umdrehungen pro Minute hochzutreiben, was einer Leistung von 46 PS entsprach. Doch die nun um 400 Umdrehungen pro Minute erhöhte Drehzahl des Dieselmotors verkraftete der Zweizylinder nicht und es kam immer wieder zu Ausfällen und Reparaturen. Auch Reklamationen vonseiten der Schlepperfahrer waren an der Tagesordnung. Nach nur drei Jahren Bauzeit wurde das „14/46"-Experiment mit 3830 gebauten Einheiten wieder eingestellt.

Das Spitzenmodell von MAN war der 4 R 3 mit Allradantrieb. Es handelte sich um einen besonders kraftvollen, robusten und technisch ausgereiften Traktor der für die anfallenden schweren Arbeiten auf dem Acker, oder für Transporteinsätze in der Wald- und Forstwirtschaft vorgesehen war. Der Allradschlepper mit Vierradantrieb konnte auch mit extremen Einsatzbedingungen, mit ungünstigen Witterungs- und Bodenverhältnissen, wie sie oft im Forst, Moor und in schwierigem Gelände vorkommen können, fertig werden.

Das Spitzenmodell von MAN

Der MAN 4 R 3 besaß einen Vierzylinder-45-PS-Motor. Er verfügte über das in drei Schaltgruppen unterteilte ZF-A-216-Getriebe mit acht Vorwärts- und vier Rückwärtsgängen. Die zur Verfügung stehenden Zusatzausrüstungen waren sehr reichhaltig. Dazu gehörte der hydraulische Kraftheber mit Dreipunktkupplung und 2000 Kilogramm Hubkraft, die als „Remote-Control-System" bezeichnete hydraulische Fernsteuerung zur Betätigung von Pflügen, Kippanhängern und sonstigen Anhängegeräten sowie eine Riemenscheibe, eine 4- oder 6-t-Seilwinde, ein Mähwerk und ein Wetterdach.

MAN 4 R 3

Hersteller:	**MAN AG, München**
Ausführung:	**MAN 4 R 3**
Gesamtserie:	**1245 Stück**
Technische Daten:	
Erstes Baujahr:	*1961*
Bauweise:	*Halbrahmenbauweise*
Motorart:	*4-Zylinder/4-Takt*
Höchstgeschwindigkeit:	*19,1 km/h*
Betriebsstoff:	*Diesel*
Kühlsystem:	*Wasserumlaufkühlung*
Leistung:	*33 kW (45 PS)*
Drehzahl:	*2200 U/min*
Getriebe:	*Achtganggetriebe*
Hubraum:	*2560 ccm*
Gewicht:	*2200 kg*
Antrieb:	*Allradantrieb (zuschaltbar)*

1961

MAN 4 P 1

Hersteller:	**MAN AG, München**
Ausführung:	**MAN 4 R 3**
Gesamtserie:	**2385 Stück**

Technische Daten:

Erstes Baujahr:	*1961*
Bauweise:	*Halbrahmenbauweise*
Motorart:	*3-Zylinder/4-Takt*
Höchstgeschwindigkeit:	*18,4 km/h*
Betriebsstoff:	*Diesel*
Kühlsystem:	*Wasserumlaufkühlung*
Leistung:	*25,7 kW (35 PS)*
Drehzahl:	*2400 U/min*
Getriebe:	*Achtganggetriebe*
Hubraum:	*1915 ccm*
Gewicht:	*1920 kg*
Antrieb:	*Allradantrieb (zuschaltbar)*

Gegen Ende der 1950er-Jahre waren die MAN-Werke infolge der zunehmenden Sättigung des Marktes einem immer größeren Kostendruck ausgesetzt. So blieb nichts anderes übrig, als durch Rationalisierung zu sparen und das Typenprogramm zu straffen. Das teilweise sehr unübersichtliche und verwirrend gestaltete Verkaufsangebot in der Vergangenheit wurde durch zu häufige Modellwechsel verschlechtert. Typenbereinigung und Rationalisierung lautete die neue Devise.

Typenbereinigung und Rationalisierung

Der im Jahr 1960 vorgestellte 35-PS-Traktor 4 P 1 mit Allradantrieb war im Zuge der Rationalisierung einer einheitlichen Linie unterzogen worden. Der Dreizylinder-M-Motor war mit dem stiftgeschalteten ZF-A-210-Getriebe verblockt, welches sich in eine Acker-, Straßen- und Rückwärtsgruppe mit jeweils vier Gängen unterteilte. Neben dem Standard- war auch ein Schnellganggetriebe erhältlich. Beim MAN 4 P 1 übernahm ein kräftiges Querblattfederpaket die Abstützung der Fronttriebachse gegenüber dem Schlepperrumpf. Zur serienmäßige Standardausstattung gehörten auch die komplette 12-V-Anlass- und -Beleuchtungsanlage sowie der hydraulische Dreipunktkraftheber.

Beim Master Modell N 419 wurde 1961 eine umfassende Modifizierung des Motorenprogramms durchgeführt, bei der bei allen Antriebsaggregaten mit Tunnelgehäuse, dies betraf die Baumuster 108 bis 408 mit 116 mm Hub, eine Hubraumvergrößerung vorgenommen wurde. Hierbei wurde die Zylinderbohrung von 95 auf 98 mm vergrößert und an den Einspritzelementen wurde geringfügige Verbesserungen durchgeführt.

Für den schweren landwirtschaftlichen Betrieb

Der Hubraum des Porsche Master stieg durch die Verbesserungen auf 3500 Kubikzentimeter, und erreichte 50 PS bei der Drehzahl von 2100 Umdrehungen pro Minute. Eine weitere veränderte Getriebeübersetzung bewirkte eine Höchstgeschwindigkeit in der Schnellgangausführung auf 27,4 Stundenkilometer. Ab September 1961 wurde der Master auch mit einem auf 60 Liter vergrößerten Kraftstofftank geliefert. Gegen Ende 1961 waren für den Master N 419 laut Verkaufsliste 15.290 DM zu bezahlen. Für den Einsatz vor großen Mähdreschern oder vor einem vierscharigen Pflug war der Master bestens geeignet. Dank seiner Bodenfreiheit von 437 mm konnte er auch für Saat- und Pflegearbeiten herangezogen werden.

Porsche Master N 419

Hersteller:	**Porsche GmbH, Friedrichshafen**
Ausführung:	**Porsche Master N 419**
Gesamtserie:	**1175 Stück**
Technische Daten:	
Erstes Baujahr:	*1961*
Bauweise:	*rahmenlose Blockbauweise*
Motorart:	*4-Zylinder/4-Takt*
Höchstgeschwindigkeit:	*20 km/h*
Betriebsstoff:	*Diesel*
Kühlsystem:	*Luft mit Radialgebläse*
Leistung:	*36,6 kW (50 PS)*
Drehzahl:	*2100 U/min*
Getriebe:	*Achtganggetriebe*
Hubraum:	*3500 ccm*
Gewicht:	*2100 kg*
Antrieb:	*Hinterradantrieb*

Güldner G 40	
Hersteller:	**Güldner Motoren-Werke, Aschaffenburg**
Ausführung:	**Güldner G 40**
Gesamtserie:	**7613 Stück**
Technische Daten:	
Erstes Baujahr:	*1962*
Bauweise:	*rahmenlose Blockbauweise*
Motorart:	*3-Zylinder/4-Takt*
Höchstgeschwindigkeit:	*19,4 km/h*
Betriebsstoff:	*Diesel*
Kühlsystem:	*Luft mit Axialgebläse*
Leistung:	*27,9 kW (38 PS)*
Drehzahl:	*2300 U/min*
Getriebe:	*Achtganggetriebe*
Hubraum:	*2356 ccm*
Gewicht:	*2080 kg*
Antrieb:	*Hinterradantrieb*

Noch während der Kooperation mit den „Fahr-Werken" hatte Güldner nach mehrjähriger Entwicklungsarbeit eine neue, unter der Bezeichnung L 79 laufende, nach dem Baukastensystem konstruierte Dieselmotorenreihe zur Serienreife gebracht. In der ersten Hälfte des Jahres 1962 konnte mit dem Serienbau begonnen werden.

Die Europa-Reihe von Güldner

Der Güldner G 40 Toledo mit dem neuen Motor des Typs 3 L 79 war das Modell aus der früheren Europa-Reihe von Güldner. Bei diesem Motor gelangte ein Dreizylindermotor mit 36 PS Leistung zum Einbau. Als Getriebe wurde die Ausführung ZF A 210 der Zahnradfabrik Friedrichshafen verwandt. Dieser Schlepper wurde noch bis Ende des Jahres 1962 unter der Typenbezeichnung G 40 Toledo angeboten. Die ansprechend leuchtend rote Lackierung dieser Traktoren war ein wichtiges äußeres Merkmal der neuen Güldner-Schlepper. Mit der G-Reihe konnte Güldner seinen Kunden eine moderne, ausgereifte und hochwertige Schleppergeneration präsentieren, die für große landwirtschaftliche Betriebe oder für Einsätze in der Forstwirtschaft vorgesehen waren.

UNIMOG

Die großen Hoffnunge,n die sich die Firma Hatz mit der im Jahr 1962 vorgestellten Schlepperreihe machte, sollten sich nicht erfüllen. Denn alle bis 1964 produzierten Modelle kamen über sehr geringe Stückzahlen nicht hinaus. Die technisch überarbeitete Schlepperreihe sollte die letzte dieses Herstellers sein. Denn die Firma Hatz zog sich im Jahr 1964, nachdem man insgesamt 7201 Traktoren gefertigt hatte, ganz aus der Branche zurück.

Die letzte Schlepperreihe

Der technisch überarbeitete H 220 von Hatz war mit einem ZF-Gruppengetriebe der 200er Serie bestückt. Das Gruppenschaltgetriebe verfügte nicht nur über eine wesentlich höhere Gangzahl, es standen acht Vorwärtsgänge und vier Rückwärtsgänge zur Verfügung, sondern es ließ sich auch viel leichter schalten. Zudem verfügte das Fahrzeug über eine Motorzapfwelle mit Doppelkupplung, einen hydraulischen Dreipunktkraftheber, Fabrikat ZP/Bosch, einen Baas-Frontlader mit 400 bzw. 600 Kilogramm Hubkraft sowie eine Seilwinde. Obwohl Hatz stets in der Lage war, technisch und vor allem qualitativ konkurrenzfähige Fahrzeuge zu bauen, kam man über die vielen Kleinanbietern anhängende Außenseiterrolle nie hinaus.

Hatz H 220

Hersteller:	**Hatz Motorenfabrik GmbH, Ruhstorff**
Ausführung:	**Hatz H 220**
Gesamtserie:	**163 Stück**
Technische Daten:	
Erstes Baujahr:	*1962*
Bauweise:	*rahmenlose Blockbauweise*
Motorart:	*2-Zylinder/4-Takt*
Höchstgeschwindigkeit:	*20 km/h*
Betriebsstoff:	*Diesel*
Kühlsystem:	*Luft mit Radialgebläse*
Leistung:	*14,7 kW (20 PS)*
Drehzahl:	*1900 U/min*
Getriebe:	*Achtganggetriebe*
Hubraum:	*1336 ccm*
Gewicht:	*1550 kg*
Antrieb:	*auf die Hinterachse*

1963

Daimler-Benz Unimog 406

Hersteller:	**Daimler-Benz AG, Stuttgart-Untertürkheim**
Ausführung:	**Daimler-Benz Unimog 406**
Gesamtserie:	**37.069 Stück (alle Ausführungen)**

Technische Daten:

Erstes Baujahr:	*1963*
Bauweise:	*Rahmenbauweise*
Motorart:	*6-Zylinder/4-Takt*
Höchstgeschwindigkeit:	*71 km/h*
Betriebsstoff:	*Diesel*
Kühlsystem:	*Wasserumlaufkühlung*
Leistung:	*47,8 kW (65 PS)*
Drehzahl:	*2550 U/min*
Getriebe:	*Sechsganggetriebe*
Hubraum:	*4580 ccm*
Gewicht:	*2650 kg*
Antrieb:	*Allradantrieb (zuschaltbar)*

Eine zunehmende Nachfrage nach wesentlich leistungsstärkeren Unimogs führte im Jahr 1963 zur Vorstellung der mittleren Baureihe 406. Den gesteigerten Ansprüchen und immer vielfältigeren Einsätzen genügte der kleine Basis-Unimog Anfang der 1960er-Jahre nicht mehr.

Alleskönner

Gleichzeitig halten erstmals größere Dieselmotoren unter der kurzen Haube des Unimog Einzug. Mit 65 PS aus einem Triebwerk mit vier Zylindern und bald darauf sogar aus dem legendären, großvolumigen Sechszylinder-Dieselmotor OM 312 mit 5,7 Litern Hubraum, sind sie der neue Standard in der Unimog-Motorleistung. Nach seiner PS-Zahl ist der neue Unimog auch als U 65 bekannt geworden. Der Radstand des neuen Mercedes-Benz Unimog 406 betrug 2380 Millimeter. Mit der zusätzlichen Baureihe 406 ergänzt Daimler-Benz das Programm um einen echten Alleskönner zum Beispiel für landwirtschaftliche Ernte- und Pflegemaßnahmen, für die Forstwirtschaft. Und auch im militärischen Einsatz eröffnet der Mercedes-Benz Unimog 406 ganz neue Möglichkeiten. So ist er auch als starke, vielseitige Zugmaschine für Grünlandbetriebe im Allgäu bis heute unersetzlich.

1963

Das im Jahr 1963 vorgestellte neue Modell G 50, in dem der Vierzylindermotor 4 L 79 mit 48 PS arbeitete, löste das Modell G 50 Gotland ab. Mit dem G 40 zusammen bestand die rote G-Traktorenreihe nun aus vier Modellen. Der G 50 war technisch sehr ausgereift und von einer hervorragenden Verarbeitungsqualität.

Leuchtend rote Lackierung

Bei diesem auch in einer Allradausführung erhältlichen Schleppern verwendete man das A216-Getriebe von ZF. Die gut erkennbare leuchtend rote Lackierung dieser neuen Traktoren prägte sich gut bei der Kundschaft ein. Auch die moderne und zeitlos schöne Motorhaube mit ihrem markanten Lüftungsgitter fand in Kundenkreisen weite Zustimmung. Der G 50 war ein vielseitig ausrüst- und verwendbarer Traktor, der viele Ausstattungs- und Anbaumöglichkeiten bot, sodass kaum ein Wunsch hinsichtlich Geräteanbringung, Arbeitserleichterung und Bedienungskomfort unerfüllt blieb. So konnte man zwischen einem Normalgetriebe und einem Getriebe mit schneller Untersetzung wählen. Serienmäßig gab es eine Getriebe- und Motorzapfwelle, einen hydraulischern Kraftheber, Einzelrad-Lenkbremsen, ein Zwillingssteuergerät mit Raddruckverstärker und Differenzialsperre.

Güldner G 50

Hersteller:	**Güldner Motoren-Werke, Aschaffenburg**
Ausführung:	**Güldner G 50**
Gesamtserie:	**1845 Stück**

Technische Daten:

Erstes Baujahr:	*1963*
Bauweise:	*rahmenlose Blockbauweise*
Motorart:	*4-Zylinder/4-Takt*
Höchstgeschwindigkeit:	*20 km/h*
Betriebsstoff:	*Diesel*
Kühlsystem:	*Luft mit Axialgebläse*
Leistung:	*36,7 kW (50 PS)*
Drehzahl:	*2200 U/min*
Getriebe:	*Achtganggetriebe*
Hubraum:	*3140 ccm*
Gewicht:	*2680 kg*
Antrieb:	*Hinterradantrieb*

1963

John Deere 4020

Hersteller:	**John Deere & Company, Waterloo, Iowa, USA**
Ausführung:	**John Deere 4020 (Diesel)**
Gesamtserie:	**48.482 Stück**
Technische Daten:	
Erstes Baujahr:	*1963*
Bauweise:	*rahmenlose Blockbauweise*
Motorart:	*6-Zylinder/4-Takt*
Höchstgeschwindigkeit:	*30 km/h*
Betriebsstoff:	*Diesel*
Kühlsystem:	*Umlaufkühlung mit Wasserpumpe*
Leistung:	*67 kW (91 PS)*
Drehzahl:	*2500 U/min*
Getriebe:	*Achtganggetriebe*
Hubraum:	*6637 ccm*
Gewicht:	*3830 kg*
Antrieb:	*Hinterradantrieb*

In kürzester Zeit konnte sich John Deere nach dem Zweiten Weltkrieg weltweit mit seinen Traktoren im landwirtschaftlichen Zugmaschinensegment etablieren. 1963 kündigte John Deere dann ein neues Modellsortiment als „New Generation of Power" an. Das Spitzenmodell war der neue Sechszylinder-5010 mit 121 PS. Im gleichen Jahr wurden auch der 3010 und der 4010 überarbeitet und als 3020 und 4020 vorgestellt. Der größte Unterschied gegenüber den Vorgängern bestand in dem zusätzlichen Lastschaltgetriebe, das zum Einbau gelangte, da diese Getriebeart in der Landwirtschaft immer stärker bevorzugt wurde.

Viele Varianten

Eine weitere Neuerung beim John Deere 4020 war die hydraulische Differenzialsperre, mit der die Kraft durch Pedaldruck gleichmäßig auf beide Hinterräder übertragen werden konnte. Obwohl der John Deere 4010 bereits eine Leistung von 80 PS hatte, konnte diese beim 4020 auf 91 PS gesteigert werden. Der Sechszylinder-John-Deere 4020 wurde in den verschiedensten Varianten als Row-Crop für den Getreideanbau und für andere Reihenkulturen angeboten. Ein High-Crop als Hochradtraktor konnte dagegen in der Industrie eingesetzt werden.

1964

Im Jahr 1964 ersetzte der Eicher Mammut I EM 500 die bis zu diesem Zeitpunkt gebauten Mammut-Modelle mit dem alten Motor ED 3. Der EM 500 unterschied sich in vielen anderen Merkmalen von seinem Vorgänger ED 500.

Ein Mammut mit starkem Motor

So stand jetzt ein neuer, modernerer Vierzylinder-Dieselmotor EDK zur Verfügung. Und so baute man in den Mammut I einen in seiner Leistung von 55 auf 50 PS gedrosselten Motor EDK 4 des Eicher Mammut II EM 600 ein. Der Eicher EM 500 hatte einen Bosch-Eicher-Dreipunktkraftheber mit Regelhydraulik, der an der Ackerschiene eine weitere Verstärkung auf 1600 Kilogramm Hubkraft besaß. Er war in seiner Ausführung den entsprechenden Aufgaben des Eicher-Schleppers angepasst. Auch erhielt er eine neue, etwas kleinere Hinterradbereifung. Der Mammut I EM 500 war bis September 1968 im Angebot bei der Firma Eicher, aber ab 1965 wurde er Mammut 504 genannt. Als serienmäßige Ausstattung erhielt der Eicher Mammut Motorzapfwelle und Doppelkupplung. Nur gegen Aufpreis waren die Regelhydraulik, das Fritzmeier-Allwetterverdeck oder der Baas-Eicher-Frontlader zu haben.

Eicher I EM 500 Mammut

Hersteller:	**Eicher Traktoren- und Landmaschinen Werke, Forstern**
Ausführung:	**Eicher I EM 500 Mammut**
Gesamtserie:	**692 Stück**

Technische Daten:

Erstes Baujahr:	*1964*
Bauweise:	*rahmenlose Blockbauweise*
Motorart:	*4-Zylinder/4-Takt*
Höchstgeschwindigkeit:	*20 km/h*
Betriebsstoff:	*Diesel*
Kühlsystem:	*Luft mit Radialgebläse*
Leistung:	*36,7 kW (50 PS)*
Drehzahl:	*2000 U/min*
Getriebe:	*Achtganggetriebe*
Hubraum:	*3927 ccm*
Gewicht:	*2525 kg*
Antrieb:	*Hinterradantrieb*

1964

Ford 654 Super 4 County

Hersteller:	**Ford Motor Co., Dearborn, Michigan, USA**
Ausführung:	**Ford 654 Super 4 County**
Gesamtserie:	**keine Angabe**

Technische Daten:

Erstes Baujahr:	*1964*
Bauweise:	*rahmenlose Blockbauweise*
Motorart:	*4-Zylinder/4-Takt*
Höchstgeschwindigkeit:	*keine Angabe*
Betriebsstoff:	*Diesel*
Kühlsystem:	*Wasserumlaufkühlung*
Leistung:	*22 kW (70 PS)*
Drehzahl:	*2100 U/min*
Getriebe:	*Sechzehnganggetriebe*
Hubraum:	*2200 mm*
Gewicht:	*keine Angabe*
Antrieb:	*Allradantrieb*

Ford war zwar in erster Linie berühmt für seine PKW- und LKW-Produktion, zählte aber auch schon früh zu den großen Traktorenherstellern. Nach dem Bau eines Experimentaltraktors im Jahr 1905 baute Henry Ford seinen ersten Schlepper 1915. Seine Philosophie war, einen preiswerten Schlepper zu bauen, sozusagen das Ford-T-Modell für den Landwirt. Mithilfe seiner Ingenieure hatte Ford einen solchen Taktor entwickelt.

Vier gleich große Räder

Die Firmen Roadless und County waren in den 1960er-Jahren die wohl bekanntesten Firmen, die Ford-Schlepper auf Allradantrieb umrüsteten. Der beeindruckende Ford 654 Super 4 County mit seinen vier gleich großen Rädern war die vierradgetriebene Version des Modells Super Major. So gab es eine große Anzahl unterschiedlich ausgeführter Ford-County-Typen. Diese Typen war alle entweder mit Vier- oder Sechszylindermotoren ausgerüstet. Der Ford 654 Super 4 County konnte mit seinen 70 PS Leistung für alle schweren landwirtschaftlichen Tätigkciten gut verwendet werden. Er wurde überall da eingesetzt, wo allradgetriebene Fahrzeuge mit außergewöhnlich großen Zugkräften nötig waren.

Nach den Modellen S 350 und S 450 ergänzte Schlüter im Dezember 1963 sein neues Bauprogramm nochmals durch den 56 PS starken Schlepper S 650. Im April 1964 erschien mit dem 80-PS-Schlepper S 900 das Spitzenmodell aus Freising. Der S 900 war zur Zeit seines Erscheinens der stärkste Traktor, der in Deutschland käuflich erworben werden konnte. Als Getriebe wurde das im Jahr 1963 neu entwickelte ZF-Baumuster A 230 eingebaut. Dies war der Anfang einer neuen Ausrichtung in der Firmenpolitik, bei der man den Bedarf an leistungsstarken, schweren Traktoren kompromisslos umsetzte.

Die „großen Vier“

Unter dem zugkräftigen Slogan „Schlüter baut die großen Vier“ propagierte der Freisinger Hersteller ab 1964 seine neue, aus Halbrahmenfahrzeugen mit 34, 42, 56 und 80 PS Motorleistung bestehende Typenreihe. Die Produktion immer stärkerer Traktoren brachte jedoch keinen Vorteil auf dem deutschen Schleppermarkt und führte schließlich in eine Sackgasse. Ohne Frage war Schlüter der erste Anbieter jener Schlepper-Kategorie, die seitdem zu immer größeren, stärkeren und schwereren Traktoren geführt hat.

Schlüter S 900

Hersteller:	**Anton Schlüter GmbH, München-Freising**
Ausführung:	**Schlüter S 900**
Gesamtserie:	**107 Stück**
Technische Daten:	
Erstes Baujahr:	*1964*
Bauweise:	*Halbrahmenbauweise*
Motorart:	*6-Zylinder/4-Takt*
Höchstgeschwindigkeit:	*bis 28 km/h*
Betriebsstoff:	*Diesel*
Kühlsystem:	*Umlaufkühlung mit Wasserpumpe*
Leistung:	*58,6 kW (80 PS)*
Drehzahl:	*1800 U/min*
Getriebe:	*Achtganggetriebe*
Hubraum:	*6494 ccm*
Gewicht:	*3800 kg*
Antrieb:	*Hinterradantrieb*

1964

Hanomag Perfekt 401

Hersteller:	**Hannoversche Maschinenbau AG, Hannover**
Ausführung:	**Hanomag Perfekt 401**
Gesamtserie:	**2450 Stück**

Technische Daten:

Erstes Baujahr:	*1964*
Bauweise:	*rahmenlose Blockbauweise*
Motorart:	*4-Zylinder/4-Takt*
Höchstgeschwindigkeit:	*20 km/h (mit Schnellgang 26 km/h)*
Betriebsstoff:	*Diesel*
Kühlsystem:	*Wasserumlaufkühlung*
Leistung:	*23,4 kW (32 PS)*
Drehzahl:	*2400 U/min*
Getriebe:	*Sechsganggetriebe*
Hubraum:	*1797 ccm*
Gewicht:	*1770 kg*
Antrieb:	*Hinterradantrieb*

Mit dem auf Ein-Mann-Bedienung ausgelegten Hanomag-Tragschlepper Perfekt 401 konnte man überaus vielfältige Einsatzmöglichkeiten realisieren. Diese Bauweise eröffnete neben dem Front- und Heckbereich zusätzliche Geräteanbaumöglichkeiten zwischen den Achsen. Dadurch konnte seiner Rolle als Allein- und Universalschlepper auf kleineren bis mittleren Höfen oder als Zweitmaschine in größeren landwirtschaftlichen Betrieben gerecht werden.

Kürzere Arbeits- und Rüstzeiten

Ein großer Vorteil bestand darin, dass Frontlader, Mähwerk und Zwischenachsgeräte gleichzeitig angebaut werden konnten. Sie behinderten sich nicht und ermöglichten die Kombination einzelner Arbeiten in einem Gang. Das bedeutete für den Landwirt kürzere Arbeits- und Rüstzeiten und damit eine erhöhte Wirtschaftlichkeit. Sie waren zeitgemäße, serienmäßig mit Regelhydraulik ausgerüstete Fahrzeuge. Den Hanomag Perfekt 401 gab es auch mit dem Leichtschalt-Gruppengetriebe sowie einer auf 1650 Kilogramm verstärkten Hydraulik. Dazu kam eine verbesserte Hydrauliksteuerung mit drei getrennten Steuerkreisen. Er war ein solider, kräftiger Mittelklasseschlepper.

1964

Die mittelständische Firma Hela versuchte mit aller Kraft, den Auswirkungen des kleiner werdenden Marktvolumens und der stärker werdenden Konkurrenz zu begegnen. Und das zunächst mit Erfolg. Denn die Hela-Schlepper aus dieser Zeit brauchten sich in technischer Hinsicht mit ihren Mitbewerbern nicht zu vergleichen. Man war in allen Leistungsklassen, ob Allrad- und Plantagenschlepper, vertreten. Nur die Stückzahlen waren viel zu gering, um auf Dauer gewinnbringend zu produzieren. Die schlechten Verkaufszahlen ließen die hohen Entwicklungskosten für die immer aufwendiger werdende Traktorentechnik kaum noch zu. Der unbefriedigende Geschäftsverlauf ließ dem vergleichsweise kleinen Unternehmen auf Dauer keine Chance. Man konnte das unvermeidliche Ende nur noch hinauszögern.

Wichtiges Standbein

Der ab 1964 bis zum Ende seiner Bauzeit in 660 Einheiten ausgelieferte Hela D 434 war ein weiteres wichtiges Standbein, das die mittlere Klasse im Hela-Schlepperprogramm verkörperte. Der Traktor besaß einen Dreizylinder-MWM-Motor und das Hela-Sechsganggetriebe mit Kriechgang. Im Jahr 1968 stieg die Motorleistung auf 40 PS.

Hela D 434

Hersteller:	**Hermann Lanz, Aulendorf**
Ausführung:	**Hela D 434**
Gesamtserie:	**660 Stück**
Technische Daten:	
Erstes Baujahr:	*1964*
Bauweise:	*rahmenlose Blockbauweise*
Motorart:	*3-Zylinder/4-Takt*
Höchstgeschwindigkeit:	*19,5 km/h*
Betriebsstoff:	*Diesel*
Kühlsystem:	*Wasserumlaufkühlung*
Leistung:	*25,6 kW (35 PS)*
Drehzahl:	*2100 U/min*
Getriebe:	*Sechsganggetriebe*
Hubraum:	*2233 ccm*
Gewicht:	*1750 kg*
Antrieb:	*Hinterradantrieb*

Steyr 190 S

Hersteller:	**Steyr-Werke AG, St. Valentin, Österreich**
Ausführung:	**Steyr 190 S**
Gesamtserie:	**377 Stück**

Technische Daten:

Erstes Baujahr:	*1964*
Bauweise:	*Halbrahmenbauweise*
Motorart:	*3-Zylinder/4-Takt*
Höchstgeschwindigkeit:	*keine Angabe*
Betriebsstoff:	*Diesel*
Kühlsystem:	*Wasserumluftkühlung*
Leistung:	*26,4 kW (36 PS)*
Drehzahl:	*2400 U/min*
Getriebe:	*Achtganggetriebe*
Hubraum:	*2260 ccm*
Gewicht:	*1690 kg*
Antrieb:	*Hinterradantrieb*

In den 1950er-Jahren konnten die östereichischen Steyr-Werke solide und ausgereifte Modelle in fast allen wichtigen Leistungsklassen anbieten. Das Angebot dieses bedeutendsten österreichischen Herstellers bestand bis zum Ende dieses Jahrzehnts aus vier Basismodellen mit einer Motorleistung zwischen 18 und 60 PS sowie aus dem von den Standardschleppern abgeleiteten Schmalspurvarianten. Man verwendete in den Steyr-Traktoren Motoren und Triebwerke aus eigener Konstruktion.

Schmalspurvariante

Der ab 1964 produzierte Steyr 190 S war die Schmalspurvariante des Mittelklasseschleppers Steyr 190. Er verfügte ebenso wie dieser über einen Dreizylinder-Steyr-Dieselmotor WD 306/a mit Wasserkühlung. Das Getriebe konnte wahlweise mit einem Acht- oder Zwölfganggetriebe mit sechs Rückwärtsgängen geordert werden. Der Schlepper verfügte serienmäßig über drei unterschiedliche Zapfwellen für den Einsatz von Mähdreschern und anderen Erntegeräten sowie einer mit einem Bosch-Steuergerät versehenen Steyr-Regelhyraulik. Der Steyr 190 wog 1690 Kilogramm, hatte eine mehrfach verstellbare Spurweite und wurde 377-mal gebaut.

Den Grundstock für das Unternehmen legte 1858 Jakob Warchalowski mit der Firma Maschinenfabrik J. Warchalowski in Wien, als er in einem kleinen Betrieb damit begann, Maschinen zu bauen. Nach der Einführung der Verbrennungskraftmaschine erkannte er die Bedeutung dieser Erfindung und begann selbst damit, Motoren herzustellen. Seine Stationärmotoren wurden in der ganzen Monarchie verkauft. Seine Söhne bauten den Betrieb weiter auf und entwickelten zahlreiche Patente. 1913 gründete August Warchalowski die Industriewerke Warchalowski, Eissler & Co., wo er bald 2000 Mitarbeiter beschäftigte.

Eigener Motorenbau

Nach dem Zweiten Weltkrieg wurden zunächst wieder Stationärmotoren gebaut, bis ein luftgekühlter Dieselmotor entwickelt wurde, welcher dann serienmäßig ab 1956 in die Traktoren eingebaut wurde. Der WT 42 A war ein allradgetriebener Schlepper mit dem Warchalowski-Motor D 42 S und 38 PS. Als Kupplung kam die Zweistufen-Trockenkupplung Do 250/225k von Fichtel & Sachs zum Einbau und beim Getriebe entschied man sich für das A-208 von der Zahradfabrik Friedrichshafen mit acht Vorwärts- und veir Rückwärtsgängen.

Warchalowski WT 42 A

Hersteller:	**Maschinenfabrik Warchalowski, Wien, Österreich**
Ausführung:	**Warchalowski WT 42 A**
Gesamtserie:	**115 Stück**
Technische Daten:	
Erstes Baujahr:	*1964*
Bauweise:	*rahmenlose Blockbauweise*
Motorart:	*4-Zylinder/4-Takt*
Höchstgeschwindigkeit:	*keine Angabe*
Betriebsstoff:	*Diesel*
Kühlsystem:	*Luft*
Leistung:	*28 kW (38 PS)*
Drehzahl:	*2500 U/min*
Getriebe:	*Achtganggetriebe*
Hubraum:	*2290 ccm*
Gewicht:	*1760 kg*
Antrieb:	*Allradantrieb*

1965

John Deere 1020

Hersteller:	**John Deere Lanz Werke, Mannheim**
Ausführung:	**John Deere Lanz 1020**
Gesamtserie:	**16.124 Stück**

Technische Daten:

Erstes Baujahr:	*1965*
Bauweise:	*Halbrahmen*
Motorart:	*3-Zylinder/4-Takt*
Höchstgeschwindigkeit:	*25 km/h*
Betriebsstoff:	*Diesel*
Kühlsystem:	*Wasserumlaufkühlung*
Leistung:	*29,3 kW (44 PS)*
Drehzahl:	*2500 U/min*
Getriebe:	*Achtganggetriebe*
Hubraum:	*2490 ccm*
Gewicht:	*2240 kg*
Antrieb:	*Hinterradantrieb*

Das John-Deere-Programm war zunächst noch in Verbindung mit dem Namen Lanz auf dem deutschen Markt präsent und die deutsche Kundschaft musste erst von dem grün-gelben Schlepper überzeugt werden. Nur langsam gelang diese Anpassung. Die beiden stärksten Modelle der 20er-Serie, es waren auch die ersten Modelle, auf deren Motorhaube der Name Lanz nicht mehr erschien, wurden noch in den USA gebaut, während die übrigen vier Varianten schon in Mannheim entstanden. Das Mannheimer Werk sollte auch den gesamten europäischen Raum und Afrika und den Nahen Osten mit Deere-Traktoren beliefern.

Muffenschaltgetriebe

Das Modell des Typs 1020 war speziell für den deutschen Raum ein sehr wichtiges Fahrzeug. Mit seinem wassergekühlten Dreizylinder-Saugmotor mit Direkteinspritzung leistete er 44 PS. Er war mit einem Muffenschaltgetriebe mit acht Vor- und vier Rückwärtsgängen bestückt. Vor allem für den mittleren und größeren landwirtschaftlichen Betrieb konstruiert gehörte er zu den wichtigsten Fahrzeugen in seiner Klasse. Er besaß zwei Zapfwellen sowie hydraulisch betätigte nasse Scheibenbremsen.

1965

Ein Spitzenmodell der D-05er-Reihe von Deutz war der Typ D 8005. Er war ein ausgesprochener Großtraktor, der für ebensolche Betriebsgrößen mit ausgedehnten Anbauflächen vorgesehen war.

Klauengeschaltetes ZF-Gruppenschaltgetriebe

Der D 8005 trat die Nachfolge des bereits 1964 vorgestellten Modells D 80 an, dem er im Wesentlichen entsprach. Er besaß einen Sechszylinder-Wirbelkammermotor aus der FL-812-Baureihe, mit der verbesserten L-812-S-Variante mit Massenausgleichsgetriebe, das für eine deutlich bessere Laufruhe sorgte. Beibehalten wurde das klauengeschaltete ZF-Gruppenschaltgetriebe des Baumusters A 230. Es gliederte sich in jeweils eine Acker-, Straßen- und Rückwärtsgruppe. Die acht Vorwärtsgänge von Acker- und Straßengruppe ließen Geschwindigkeiten von 0,6 bis maximal 26,5 Stundenkilometer zu, wobei die erste Gangstufe gleichzeitig als voll belastbarer Kriechgang ausgelegt war. Die Vorderachse war als einzelradgefederte Teleskopachse mit siebenfacher Spurverstellmöglichkeit ausgeführt. Mit 120 Litern Fassungsvermögen war der Kraftstofftank sehr großzügig dimensioniert.

Deutz D 8005

Hersteller:	**Klöckner-Humbolt-Deutz AG, Köln-Deutz**
Ausführung:	**Deutz D 8005**
Gesamtserie:	**keine Angabe**
Technische Daten:	
Erstes Baujahr:	*1965*
Bauweise:	*rahmenlose Blockbauweise*
Motorart:	*6-Zylinder/4-Takt*
Höchstgeschwindigkeit:	*26,5 km/h*
Betriebsstoff:	*Diesel*
Kühlsystem:	*Luft mit Axialgebläse*
Leistung:	*58,6 kW (80 PS)*
Drehzahl:	*2300 U/min*
Getriebe:	*Achtganggetriebe*
Hubraum:	*5100 ccm*
Gewicht:	*3720 kg*
Antrieb:	*Hinterradantrieb*

1965

Ford 5000

Hersteller:	**Ford Motor Co., Dearborn, Michigan, USA**
Ausführung:	**Ford 5000**
Gesamtserie:	**keine Angabe**
Technische Daten:	
Erstes Baujahr:	*1965*
Bauweise:	*rahmenlose Blockbauweise*
Motorart:	*4-Zylinder/4-Takt*
Höchstgeschwindigkeit:	*keine Angabe*
Betriebsstoff:	*Diesel*
Kühlsystem:	*Wasserumlaufkühlung*
Leistung:	*22 kW (69 PS)*
Drehzahl:	*2100 U/min*
Getriebe:	*Achtganggetriebe*
Hubraum:	*3800 ccm*
Gewicht:	*2417 Kilogramm*
Antrieb:	*Hinterradantrieb*

Nach dem Tod von Henry Ford im Jahr 1947 endete auch die Zusammenarbeit mit Harry Ferguson. Trotzdem nutzte die Ford Motor Company für ihre folgenden Modelle die Patente des Iren. Dabei handelte es sich in erster Linie um die von Harry Ferguson entwickelte Dreipunktgeräteaufhängung, die bisher im gemeinschaftlich genutzten Modell Ford 9 N verwendet wurde. Leider existierten zu diesem Abkommen keinerlei schriftliche Dokumente, da diese Vereinbarung nur durch Handschlag besiegelt wurde, und so kam es nach dem Tod von Ford zu jahrelang andauernden Streitigkeiten, die erst mit einer größeren Zahlung an Ferguson beigelegt werden konnten.

Nur mit Heckantrieb

Der Ford-Dieselschlepper 5000 erschien im Jahr 1965. Zusätzlich zu einem Ford-3,8-Liter Dieselmotor konnte man den Ford 5000 auch in der Version mit 4,2 Litern sowie mit einem „Gasoline"-Motor bekommen. Der Vierzylinder-Dieselmotor leistete 69 PS bei 2100 Umdrehungen pro Minute. Dieser starke und für große landwirtschaftliche Betriebe geeignete Schlepper war nur in der Heckantriebsversion zu bekommen. Im Jahr 1976 kostete der Ford 5000 in der Grundausstattung 4300 Dollar.

Der im Jahr 1966 vorgestellte Granit 500 (seine technische Bezeichnung lautete Granit 501) entsprach sowohl optisch als auch hinsichtlich des technischen Aufbaus als Tragschlepper den Fahrzeugen der Perfekt-Baureihe.

Komplette Neukonstruktion des Granit 501

Von seinem Vorgänger, dem alten Granit 500, stammte der Dreizylindermotor aus der D-21-Reihe. Abgesehen davon war dieser Schlepper eine komplette Neukonstruktion und hatte mit jenem kaum noch etwas gemeinsam. Von der Perfekt-Reihe unterschied er sich durch seine etwas wuchtigere Motorverkleidung, das neue Leichtschaltgetriebe und eine der Motorleistung angepasste stärkere Hydraulikanlage. Das Prinzip der Auspuffanlage mit direkt hinter der Vorderachse liegendem Schalldämpfer wurde von den Perfekt-Modellen übernommen. Serienmäßig war eine Motorzapfwelle vorhanden. Seit Beginn des Jahres 1968 wurde das alte, in seinem Ursprung bereits Anfang der 1950er-Jahre entwickelte, langhubige D-21-Antriebsaggregat durch einen neu entwickelten Kompaktmotor mit quadratischem Bohrung-Hub-Verhältnis aus der 100er-Reihe ersetzt. Schon nach einem Jahr ersetzte man diesen durch einen hubraumstärkeren Motor.

Hanomag Granit 501

Hersteller:	**Hannoversche Maschinenbau AG, Hannover**
Ausführung:	**Hanomag Granit 501**
Gesamtserie:	**745 Stück**
Technische Daten:	
Erstes Baujahr:	*1966*
Bauweise:	*rahmenlose Blockbauweise*
Motorart:	*3-Zylinder/4-Takt*
Höchstgeschwindigkeit:	*20 km/h*
Betriebsstoff:	*Diesel*
Kühlsystem:	*Wasserumlaufkühlung*
Leistung:	*29,3 kW (40 PS)*
Drehzahl:	*2400 U/min*
Getriebe:	*Neunganggetriebe*
Hubraum:	*2099 ccm*
Gewicht:	*2100 kg*
Antrieb:	*Hinterradantrieb*

1966

IHC 423

Hersteller:	**International Harvester Company, Neuss/Rhein**
Ausführung:	**IHC 423**
Gesamtserie:	**27.803 Stück**

Technische Daten:

Erstes Baujahr:	*1966*
Bauweise:	*rahmenlose Blockbauweise*
Motorart:	*3-Zylinder/4-Takt*
Höchstgeschwindigkeit:	*18,7 km/h*
Betriebsstoff:	*Diesel*
Kühlsystem:	*Wasserumlaufkühlung*
Leistung:	*29,3 kW (40 PS)*
Drehzahl:	*1900 U/min*
Getriebe:	*Achtganggetriebe*
Hubraum:	*2536 ccm*
Gewicht:	*2015 kg*
Antrieb:	*Hinterradantrieb*

Äußerlich völlig verändert präsentierte sich das optische Erscheinungsbild der neuen IHC-Schlepper. 1966 erschienen zunächst die Modelle 353 mit 26 PS und 423 mit 40 PS. Vom Typ 423 gab es auch schmalspurige Bauvarianten. Diese Fahrzeuge wurden in einer Stückzahl von 27.803 hergestellt und waren bei den Landwirten sehr beliebt. Sie lagen in der zu jener Zeit hauptsächlich verlangten mittelschweren Leistungsklasse.

Standard- und Schmalspurschlepper

Der 423 verfügte über eine fortschrittliche Motorentechnik mit direkter Kraftstoffeinspritzung. Die Kraftstoffersparnis betrug bis zu 20 Prozent und Ölwechsel waren nur noch in 200-Arbeitsstunden-Intervallen erforderlich. Neben der bei allen Fahrzeugen serienmäßigen Exakt-Regelhydraulik mit Dreipunktaufhängung gehörten Motorzapfwelle und Doppelkupplung zur werkseitigen Grundausrüstung. Zum Einsatz in Hopfen- und Weinanbaugebieten war das Modell V 423, die Schmalspurausführung, gedacht, die insgesamt 572-mal gebaut wurde. Dieser Schmalspurtraktor besaß den gleichen Rumpf wie der Standardschlepper, unterschied sich aber hauptsächlich in der Breite und Höhe in der Größe der Bereifung.

Im Jahr 1967 änderte die John Deere Lanz AG ihren Namen und beschränkte sich nur noch auf die Verwaltung des Grundbesitzes und Anlagevermögens, während die wirtschaftlichen Aktivitäten wie Entwickung, Produktion, Vertrieb und Export selbstständig wurden.

Verbessertes Hydrauliksystem

Dies war der Anlass, die Traktorenpalette zu variieren. Die 20er-Reihe löste noch im gleichen Jahr die 10er-Reihe ab und bestand im Wesentlichen zunächst aus fünf verschiedenen Modellen in den Leistungsklassen 32 bis 60 PS. Mit der 20er-Reihe fügte sich die Deere-Mannheim gut in die weltweit ausgerichtete Organisation des nordamerikanischen Landmaschinenkonzerns ein. Großen Wert legte Deere bei diesen Fahrzeugen auch auf ein weiter verbessertes Hydrauliksystem, ein gut abgestuftes Getriebe sowie den Einbau von Scheibenbremsen. Der John Deere 820 S war die Schmalspurversion des JD 820. Der Dreizylinder-Saugmotor leistete bei einer Nenndrehzahl von 2100 Umdrehungen pro Minute 32 PS und wurde im Jahr 1971 auf 35 PS leistungsgesteigert. Er war mit einem Schubradschaltgetriebe mit sieben Vorwärtsgängen und einem Rückwärtsgang erhältlich.

John Deere 820 S

Hersteller:	**John Deere Lanz Werke, Mannheim**
Ausführung:	**John Deere 820 S**
Gesamtserie:	**7415 Stück (alle Ausführungen)**
Technische Daten:	
Erstes Baujahr:	*1967*
Bauweise:	*Halbrahmenbauweise*
Motorart:	*3-Zylinder/4-Takt*
Höchstgeschwindigkeit:	*25 km/h*
Betriebsstoff:	*Diesel*
Kühlsystem:	*Wasserumlaufkühlung*
Leistung:	*23,5 kW (32 PS)*
Drehzahl:	*2100 U/min*
Getriebe:	*Achtganggetriebe*
Hubraum:	*2490 ccm*
Gewicht:	*1850 kg*
Antrieb:	*Hinterradantrieb*

1967

Fendt F 231 GT

Hersteller:	**Fendt und Co., Marktoberdorf**
Ausführung:	**Fendt F 231 GT**
Gesamtserie:	**14.191 Stück**
Technische Daten:	
Erstes Baujahr:	*1967*
Bauweise:	*Zentralrohrträger*
Motorart:	*3-Zylinder/4-Takt*
Höchstgeschwindigkeit:	*20 km/h*
Betriebsstoff:	*Diesel*
Kühlsystem:	*Luft mit Axialgebläse*
Leistung:	*23,4 kW (32 PS)*
Drehzahl:	*1950 U/min*
Getriebe:	*Achtganggetriebe*
Hubraum:	*2230 ccm*
Gewicht:	*1920 kg*
Antrieb:	*Hinterradantrieb*

Mit dem verbesserten Geräteträger F 231 GT erschien 1967 ein Fahrzeug, das der mit Abstand meistverkaufte Systemschlepper werden sollte. In diesem Fahrzeug arbeitete ein Dreizylinder-Reihen-Direkteinspritz-Dieselmotor von MWM mit 32 PS.

Fendt-Achtgang-Gruppengetriebe

Neben dem Fendt-Achtgang-Gruppengetriebe mit vier Rückwärtsgängen konnte der Landwirt auch ein schnelles Feinstufengetriebe mit der jeweils doppelten Gangzahl bekommen. Zusätzlich konnten mit einem Drehmomentwandler alle Gänge um etwa 30 Prozent in der Geschwindigkeit oder in der Zugkraft erhöht werden. Bei Hebelbetätigung der Vorschaltgruppe auf „langsam“ stieg die Zugkraft und beim Wechseln auf „schnell“ erhöhte sich die Geschwindigkeit entsprechend. Neben den zur Serienausstattung zählenden verbesserten Servobremsen hatte man auch die Leistung der Dreipunkthydraulik nochmals gesteigert. 1880 Kilogramm Hubkraft erzeugte sie vorn und im Zwischenachsbereich. Serienmäßig waren vorn und hinten Motor- und Wegzapfwellenschlüsse vorhanden. Die Vorderachse war als robuste, ausziehbare, auf einem Zentraldrehgelenk gelagerte Pendelachse mit Zentralholm ausgebildet.

Endlich konnte Hanomag mit den lange erwarteten Nachfolgemodellen für die mittlerweile auch in ihrem äußeren Design in die Jahre gekommenen Typen Brillant 600 und Robust 800 aufwarten. Denn im Konkurrenzvergleich repräsentierten diese in vielerlei Hinsicht nicht mehr den aktuellen technischen Entwicklungsstand.

Neu entwickeltes Getriebe

Einheitlich beim Hanomag Brillant 601 war das in drei Gruppen unterteilte, neu entwickelte Getriebe. Es war klauengeschaltet und mit zwölf Vorwärts- und drei Rückwärtsgängen ausgestattet. Der zwölfte Gang war als Schnellgang ausgelegt, der aber ohne Druckluftbremsanlage durch eine jederzeit entfernbare Sperre blockiert war. Auf Wunsch gab es eine Synchronisierung, die bei den Sechszylindern ab August 1970 zum Serienumfang gehörte. Erstmals befanden sich Allradschlepper bei Hanomag im Angebot, wobei die entsprechenden Fronttriebachsen nicht der eigenen Fertigung entstammten, sondern von der Zahnradfabrik Friedrichshafen zugekauft wurden. Der unter Last und während der Fahrt ein- und ausschaltbare Antrieb der Vorderachse erfolgte durch eine links angeordnete Gelenkwelle vom Getriebe aus.

Hanomag Brillant 601

Hersteller:	**Hannoversche Maschinenbau AG, Hannover**
Ausführung:	**Hanomag Brillant 601**
Gesamtserie:	**3500 Stück**

Technische Daten:

Erstes Baujahr:	*1967*
Bauweise:	*rahmenlose Blockbauweise*
Motorart:	*4-Zylinder/4-Takt*
Höchstgeschwindigkeit:	*20 km/h (mit Schnellgang 27 km/h)*
Betriebsstoff:	*Diesel*
Kühlsystem:	*Wasserumlaufkühlung*
Leistung:	*42,5 kW (58 PS)*
Drehzahl:	*2600 U/min*
Getriebe:	*Zwölfganggetriebe*
Hubraum:	*3142 ccm*
Gewicht:	*2990 kg*
Antrieb:	*Hinterradantrieb*

Hanomag Brillant 701 S

Hersteller:	**Hannoversche Maschinenbau AG, Hannover**
Ausführung:	**Hanomag Brillant 701 S**
Gesamtserie:	**3500 Stück**

Technische Daten:

Erstes Baujahr:	*1967*
Bauweise:	*rahmenlose Blockbauweise*
Motorart:	*6-Zylinder/4-Takt*
Höchstgeschwindigkeit:	*20 km/h (mit Schnellgang 27 km/h)*
Betriebsstoff:	*Diesel*
Kühlsystem:	*Wasserumlaufkühlung*
Leistung:	*50 kW (68 PS)*
Drehzahl:	*2600 U/min*
Getriebe:	*Zwölfganggetriebe*
Hubraum:	*4250 ccm*
Gewicht:	*3200 kg*
Antrieb:	*Hinterradantrieb*

„Kraftvoller denn je" – mit diesem Werbespruch präsentierte Hanomag im Herbst 1967 ihre neuen schweren Schlepper. Diese starken Traktoren bildeten die obere Klasse des fortschrittlichen Hanomag-Schlepperprogramms, das damit den Bereich von 25 bis 85 PS Motorleistung abdecken konnte. Damit war es gelungen, ein im Gegensatz zu den vorangegangenen Jahren auf nur wenigen Grundtypen basierendes, übersichtliches und technisch ausgereiftes Fahrzeugangebot auf die Beine zu stellen, das den gestiegenen Forderungen des Marktes angepasst war.

Elegante Farbgebung

Die Fahrzeuge, der Brillant 701 und der mit Schnellganggetriebe ausgestattete Brillant 701 S, waren in einem eleganten Grünblau gehaltenen Farbton lackiert. Damit entsprachen die Fahrzeuge einer ansprechenden und zeitgemäß nüchtern kantigen Bauweise. Bei einer tiefen Schwerpunktlage besaßen diese mit ihren weit über die Vorderachse vorgezogenen Motoren eine günstige Gewichtsverteilung und eine optimale Nutzung der Motorleistung als Zugkraft. Auch die Anordnung der Bedienungselemente und blendfreien Armaturen hatte man neu durchdacht.

Ab Mitte der 1960er-Jahre waren die Kramer-Werke dabei, ein zeitgemäßes synchronisiertes Lastschalt-Wendegetriebe für Motorenleistungen über 50 PS zu entwickeln. Mit dem luftgekühlten KL 600 ging das neue Triebwerk erstmals in Serie.

Neues Triebwerk

Das neue Triebwerk des Kramer Kl 600 gehörte zur Baugruppe III mit zwölf Vorwärts- und sechs Rückwärtsgängen. Dieses mechanische Getriebe konnte in der Wendestufe unter Last, also ohne zu kuppeln, in den Gangstufen 2, 4, 6, 8, 10 und 12 von Vorwärts- auf Rückwärtsfahrt geschaltet werden. Die sechs Zwischengänge der Lastschaltstufe konnten ebenfalls unter Last und ohne Kupplung herunter- und heraufgeschaltet werden. Geschaltet wurde mit zwei Hebeln, die seitlich rechts vor dem Lenkrad angebracht waren. 247 Traktoren wurden insgesamt verkauft. Die wassergekühlte Variante, die sich 75-mal verkaufte, lief wiederum unter der Typenbezeichnung Kramer KL 600 Export und war mit einem Triumph-Standard-Diesel bestückt. Die Traktoren der 600er-Reihe erhielten leistungsstarke Hydraulikanlagen mit 2300 Kilogramm Hubkraft und auf Wunsch einen Frontlader der Baugröße III.

Kramer KL 600 Export

Hersteller:	**Kramer GmbH, Überlingen und Gutmadingen**
Ausführung:	**Kramer K 12**
Gesamtserie:	**75 Stück**
Technische Daten:	
Erstes Baujahr:	*1967*
Bauweise:	*rahmenlose Blockbauweise*
Motorart:	*4-Zylinder/4-Takt*
Höchstgeschwindigkeit:	*24 km/h*
Betriebsstoff:	*Diesel*
Kühlsystem:	*Wasserumlaufkühlung*
Leistung:	*40,3 kW (55 PS)*
Drehzahl:	*2500 U/min*
Getriebe:	*Zwölfganggetriebe*
Hubraum:	*2611 ccm*
Gewicht:	*2450 kg*
Antrieb:	*Allradantrieb*

1967

VEB Fortschritt ZT 300

Hersteller:	**Volkseigene Betriebe, Nordhausen**
Ausführung:	**VEB Fortschritt ZT 300**
Gesamtserie:	**72.382 Stück**

Technische Daten:

Erstes Baujahr:	*1967*
Bauweise:	*Blockbauweise mit Hilfsrahmen*
Motorart:	*4-Zylinder/4-Takt*
Höchstgeschwindigkeit:	*29,9 km/h*
Betriebsstoff:	*Diesel*
Kühlsystem:	*Wasserumlaufkühlung*
Leistung:	*66 kW (90 PS)*
Drehzahl:	*1850 U/min*
Getriebe:	*Neunganggetriebe*
Hubraum:	*6560 ccm*
Gewicht:	*4950 kg*
Antrieb:	*Hinterradantrieb*

In der DDR herschte bis in die 1960er-Jahre hinein ein großer Mangel an schweren Ackerschleppern, die die kollektiverte Großflächenbewirtschaftung bewältigen konnten. Man musste sich mit „Famulus", „Harz" und sogar mit dem alten „Pionier" behelfen, also mit Traktoren, deren Leistungen kaum über die damalige Mittelklasse hinausreichten und meist hoffnungslos überfordert waren. Am 1. September 1967 war es dann so weit, die Serie lief an und zwei Wochen später rollte der erste ZT 300 vom Band.

Erster in der DDR hergestellter Schlepper

Mit dem ZT 300 erhielt die Landwirtschaft in der DDR endlich ihren ersten im eigenen Land hergestellten Radschlepper mit ausreichender Motorleistung und wesentlich höherer Zugkraft. Er war ein sehr robustes und gut durchkonstruiertes Fahrzeug, das damals auch mit der internationalen Konkurrenz mithalten konnte. Der ZT 300 war nicht nur für die Bodenbearbeitung, sondern auch für Transportarbeiten im Nahbereich vorgesehen. Er eignete sich für Arbeiten in der Forst- und Bauwirtschaft. Im Schlepperprüffeld Bornim wurde ermittelt, dass der ZT 300 auf dem Acker neben 20 % Kosteneinsparung eine rund 70 % höhere Leistung gegenüber vorherigen DDR-Traktoren erbrachte.

FENDT
FARMER 309LSA

FENDT

Mit den verschiedenen Wotan-Großschleppervarianten konnte Eicher technisch und leistungsmäßig den Anschluss an die Konkurrenz herstellen oder diese sogar teilweise übertreffen. Während die Hinterradmaschinen des Wotan II nur mit 15 gebauten Einheiten auf eine enttäuschend geringe Resonanz stießen und kaum zu verkaufen waren, wurden die Allradvarianten zu einem vollen Erfolg.

Großer Erfolg

Beim Allradschlepper Wotan II hatte die vordere Lenkpendelachse eine Einzelrad-Gummifederung. Eine Handbremse diente als unabhängige Feststellbremse. Eine unabhängige, lastschaltbare Motorzapfwelle mit zwei Geschwindigkeiten gehörte zum serienmäßigen Lieferumfang. Die relativ großen Vorderräder konnten durch ihre verbesserte Zugkraftübertragung im Vergleich zu manchen Wettbewerbern punkten. Diese Maschinen waren es auch, die den mit Abstand größten Erfolg erzielten. Dies galt insbesondere für den bis Ende 1976 angebotenen und ab 1973 auf 100 PS angehobenen Wotan II Allrad, der innerhalb von acht Jahren insgesamt 2697-mal gebaut wurde. Er allein wurde über das Jahr 1972 hinaus gefertigt.

Eicher Wotan II

Hersteller:	**Eicher Traktoren- und Landmaschinen Werke, Forstern**
Ausführung:	**Eicher Wotan II**
Gesamtserie:	**2697 Stück**
Technische Daten:	
Erstes Baujahr:	*1968*
Bauweise:	*rahmenlose Blockbauweise*
Motorart:	*6-Zylinder/4-Takt*
Höchstgeschwindigkeit:	*28,5 km/h*
Betriebsstoff:	*Diesel*
Kühlsystem:	*Luft mit Radialgebläse*
Leistung:	*69,5 kW (95 PS)*
Drehzahl:	*2000 U/min*
Getriebe:	*Sechzehnganggetriebe*
Hubraum:	*5890 ccm*
Gewicht:	*4200 kg*
Antrieb:	*Allradantrieb (zuschaltbar)*

1968

Deutz D 5006 A

Hersteller:	**Klöckner-Humboldt-Deutz AG, Köln-Deutz**
Ausführung:	**Deutz D 5006 A**
Gesamtserie:	**17.000 Stück (alle Ausführungen)**

Technische Daten:

Erstes Baujahr:	*1968*
Bauweise:	*rahmenlose Blockbauweise*
Motorart:	*3-Zylinder/4-Takt*
Höchstgeschwindigkeit:	*26,5 km/h*
Betriebsstoff:	*Diesel*
Kühlsystem:	*Luftkühlung mit Axialgebläse*
Leistung:	*35,1 kW (48 PS)*
Drehzahl:	*2300 U/min*
Getriebe:	*Acht- oder Zwölfganggetriebe*
Hubraum:	*2826 ccm*
Gewicht:	*2355 kg*
Antrieb:	*Allradantrieb*

Anfang des Jahres 1968 stellte Deutz mit den ersten Modellen der D-06-Reihe ein komplett neues Traktorenprogramm vor, da das Unternehmen wegen der in der Branche herrschenden Absatzflaute in die Offensive gehen wollte. Äußerlich stachen die neuen Modelle durch ihre markante, eckige Form mit den integrierten Scheinwerfern und der lang gestreckten Bauweise hervor. Diese funktionale, sachliche Linie vermittelte Kraft und lag damals ganz im Trend.

Mit Hinterrad- oder Allradantrieb

In der gehobenen Schlepperklasse kam der ebenfalls als Allradschlepper lieferbare D 5006 mit 48 PS in das Verkaufsprogramm. Der D 5006 besaß den Dreizylindermotor, der mit dem Synchrontriebwerk TW 50.1 kombiniert war. Auf Wunsch konnte das Getriebe mittels einer Kriechgruppe, die den Bereich von 0,4 bis 1,7 km/h abdeckte, zu einem 12/4-Triebwerk aufgerüstet werden. Mit dieser D-06-Reihe war Deutz ein großer Wurf gelungen. Die neuen Traktoren waren ansprechend gestaltet, technisch auf dem neuesten Stand und von einer guten Verarbeitungsqualität. Ebenso gut bewährten sie sich im Einsatz.

1968

Ab November 1968 ging der mit einem neuen Direkteinspritz-Diesel ausgerüstete Super 1250 in Serie. Ebenso ab den späten 1960er-Jahren konnten die Schlüter-Traktoren mit einem Sonnenschutzverdeck ausgerüstet werden. Der 1250 V wurde sogar bis in die frühen 1980er-Jahre angeboten.

Der ab Juli 1972 verfügbare Super 1250 VL unterschied sich vom Typ 1250 V neben dem durch Drehzahlerhöhung leistungsgesteigerten Motor auch durch eine andere Getriebeausstattung, ferner durch eine zusätzliche Konsole zwischen der Vorderachse und dem Verkleidungsträger, was eine um 130 Millimeter größere Baulänge zur Folge hatte. Wie später auch der 1250 VL, so kam der 1250 V in den Genuss der breiteren Komfort-Kabine.

Mit Hinterrad- oder Allradantrieb

Die Super-1250-Modelle gehörten zu den meistverkauften großen Schlüter-Traktoren. Beim 1250 waren es 877 verkaufte Einheiten, während vom 1250 VL sogar 1369 gebaut wurden. Nach dem Wegfall der kleineren Typen engagierte sich Schlüter verstärkt in dem Segment über 100 PS, in dem der Allradantrieb inzwischen obligatorisch geworden war.

Schlüter 1250 Super

Hersteller:	**Anton Schlüter GmbH, München-Freising**
Ausführung:	**Schlüter Super 1250 V**
Gesamtserie:	**877 Stück**
Technische Daten:	
Erstes Baujahr:	*1968*
Bauweise:	*Halbrahmenbauweise*
Motorart:	*6-Zylinder/4-Takt*
Höchstgeschwindigkeit:	*32,3 km/h*
Betriebsstoff:	*Diesel*
Kühlsystem:	*Umlaufkühlung mit Wasserpumpe*
Leistung:	*80,5 kW (110 PS)*
Drehzahl:	*1800 U/min*
Getriebe:	*Zwölf- oder 16-Gang-Getriebe*
Hubraum:	*7127 ccm*
Gewicht:	*4640 bis 5700 kg*
Antrieb:	*Allradantrieb*

1970

Kramer 714 S Allrad

Hersteller:	**Kramer GmbH, Überlingen und Gutmadingen**
Ausführung:	**Kramer 714 S Allrad**
Gesamtserie:	**88 Stück**

Technische Daten:

Erstes Baujahr:	*1970*
Bauweise:	*rahmenlose Blockbauweise*
Motorart:	*4-Zylinder/4-Takt*
Höchstgeschwindigkeit:	*30 km/h*
Betriebsstoff:	*Diesel*
Kühlsystem:	*Luft mit Axialgebläse*
Leistung:	*47 kW (64 PS)*
Drehzahl:	*2500 U/min*
Getriebe:	*Zwölfganggetriebe*
Hubraum:	*3768 ccm*
Gewicht:	*3100 kg*
Antrieb:	*Allradantrieb*

Im Jahr 1970 lag die Firma Kramer mit 586gebauten Schleppern in Deutschland bereits unter einem Prozent. Der Versuch, in Nischen zu überleben und Schlepper für Sonderkulturen zu bauen, scheiterte an der geringen Käuferzahl. So begann Kramer, wie so viele andere Schlepperhersteller auch, den Markt mit immer leistungsstärkeren Modellen zu beliefern, wobei man immer stärker auf die Deutz-Motoren zurückgriff. Es wurden nun auch Modelle in höheren PS-Klassen gebaut, wie zum Beispiel der KL 600 mit 54 PS und der KL 800 mit 80 PS. Doch die Fahrzeuge waren gegenüber den Mitbewerbern zu teuer.

Neues Lastschalt-Wendegetriebe

Ab 1970 wurden die Traktoren der 14er-Reihe eingeführt. Die Entwicklungskosten der Schlepper waren sehr hoch. So wurden während der gesamten Bauzeit von drei Jahren von dem Modell Kramer 714 Allrad nur 88 Fahrzeuge produziert. Sein Vierzylinder-Reihen-Direkteinspritzmotor von Deutz lieferte eine Leistung von 64 PS. Das neue Lastschalt-Wendegetriebe verfügte über zwölf Vorwärts- und sechs Rückwärtsgänge. Aber der 714 Allrad war für die Kunden unerschwinglich. Die Zeit der leistungsstarken Hightech-Traktoren war noch nicht gekommen.

Im Mai 1971 begann bei International Harvester in Neuss der Serienbau der ersten beiden Sechszylinder-Schleppermodelle 949 und 1046. Mit den Großschleppern versuchte IH den zeitweilig verloren gegangenen Anschluss an die Konkurrenz wiederzugewinnen. Es handelte sich um gut durchkonstruierte Fahrzeuge, die sich im Einsatz ausgezeichnet bewährten und daher auch entsprechend lange, ohne dass wesentliche technische Änderungen vorgenommen werden mussten, im Programm blieben.

92 PS Höchstleistung

Anfangs war der 946 mit dem Typ D-310-Direkteinspritz-Diesel, der 85 PS Dauerleistung und 92 PS Höchstleistung bei 2100 Umdrehungen pro Minute leisten konnte, bestückt. Eine Steigerung um 5 PS auf 90 PS durch Drehzahlerhöhung um 100 Umdrehungen pro Minute und die Installation einer neuen Einspritzpumpe erfolgte ab Mai 1974. Werkseitig war das Modell mit einem Getriebe mit zwölf Vorwärts- und fünf Rückwärtsgängen ausgestattet; ein noch besser abgestuftes Getriebe mit 16 plus sieben Gängen gab es gegen Aufpreis. Auf Wunsch stand auch eine Kriechganggruppe zur Verfügung.

IHC 946

Hersteller:	**International Harvester Company, Neuss/Rhein**
Ausführung:	**IHC 946**
Gesamtserie:	**4188 Stück**
Technische Daten:	
Erstes Baujahr:	*1971*
Bauweise:	*rahmenlose Blockbauweise*
Motorart:	*6-Zylinder/4-Takt*
Höchstgeschwindigkeit:	*28,4 km/h*
Betriebsstoff:	*Diesel*
Kühlsystem:	*Wasserumlaufkühlung*
Leistung:	*62,2 kW (85 PS)*
Drehzahl:	*2100 U/min*
Getriebe:	*Zwölfganggetriebe*
Hubraum:	*5073 ccm*
Gewicht:	*3600 kg*
Antrieb:	*Hinterradantrieb*

1972

Deutz D 13006 A

Hersteller:	**Klöckner-Humbolt-Deutz AG, Köln-Deutz**
Ausführung:	**Deutz D 13006 A**
Gesamtserie:	**keine Angabe**

Technische Daten:

Erstes Baujahr:	*1972*
Bauweise:	*rahmenlose Blockbauweise*
Motorart:	*6-Zylinder/4-Takt*
Höchstgeschwindigkeit:	*30 km/h*
Betriebsstoff:	*Diesel*
Kühlsystem:	*Luft mit Axialgebläse*
Leistung:	*88,2 kW (120 PS)*
Drehzahl:	*2400 U/min*
Getriebe:	*Sechzehnganggetriebe*
Hubraum:	*5652 ccm*
Gewicht:	*4760 kg*
Antrieb:	*Allradantrieb*

Der Deutz-Allradschlepper D 13006 A wurde im Jahr 1972 vorgestellt. Äußerlich konnte man den neuen Schlepper der 06er-Reihe von Deutz gut von den Vorgängermodellen durch die eckigere Motorhaube unterscheiden. Auch besaßen sie runde Scheinwerfer, die nun nicht mehr an Haltern außen befestigt waren, sondern direkt in das Vorderteil der Haube integriert waren. Die 06er-Reihe wurde in den folgenden Jahren erweitert, und einige Modelle der ersten Serie wurden durch neue ersetzt.

Großtraktor mit 120 PS

Klöckner-Humbolt-Deutz reagierte Ende der 1960er-Jahre auf den immer stärker werdenden Wettbewerb. Mit einer Produktoffensive, die unter dem Motto stand „Premiere der neuen Kraft“, warb man für die neuen Modelle. Denn Kraft hatte der Großtraktor Deutz D 13006 ohne Zweifel. Unter seiner Haube arbeitete ein Sechszylinder-Direkteinspritzmotor mit Turbolader, mit einer Nennleistung von 120 PS. Er erhielt wie auch alle anderen Sechszylindermodelle die Vorderachse von der italienischen Firma SIGE. Zusätzlich war der D 13006 A mit einer Deutz-Hydraulik ausgerüstet, die gegenüber der von Bosch oder ZF eine wesentlich höhere Hubkraft hatte.

1972

Gleichzeitig mit der starken Favorit-Reihe brachte die Firma Fendt im Jahr 1972 auch eine Reihe im unteren Leistungsbereich heraus, die Farmer 100er-Reihe. Diese Reihe reichte vom Fendt Farmer 102 mit 40 PS und 2550 Kubikzentimetern Hubraum bis zum Farmer 106 S mit 65 PS und 4150 Kubikzentimetern Hubraum. Alle Typen waren sowohl mit Hinterradantrieb als auch mit Allrad lieferbar.

Turbomatik

Der Farmer 103 war schnell der meistgebaute Fendt-Schlepper der 1970er-Jahre. Fendt hatte schon recht früh mit der Turbomatik beim Kupplungskomfort Zeichen gesetzt. Eine Strömungskupplung erleichterte das Anfahren und Anhalten. Der Dreizylindermotor mit einer Leistung von 48 PS war ein typischer Mittelklasseschlepper. Die technische Ausstattung bestand aus einem vollsynchonisierten Getriebe mit 13 Vorwärts- und vier Rückwärtsgängen, einem Schnellgang mit 30 Stundenkilometern, Regelhydraulik und lastschaltbarer Zapfwelle. Der Traktor konnte auch mit Kabine und Heizung ausgestattet werden. Für den mittleren landwirtschaftlichen Betrieb war er ein moderner Schlepper, der heute noch vielfach im Einsatz ist.

Fendt Farmer 103 S

Hersteller:	**Fendt und Co., Marktoberdorf**
Ausführung:	**Fendt Farmer 103 S**
Gesamtserie:	**5193 Stück**

Technische Daten:

Erstes Baujahr:	*1972*
Bauweise:	*rahmenlose Blockbauweise*
Motorart:	*3-Zylinder/4-Takt*
Höchstgeschwindigkeit:	*25 km/h*
Betriebsstoff:	*Diesel*
Kühlsystem:	*Luft*
Leistung:	*33,3 kW (48 PS)*
Drehzahl:	*2400 U/min*
Getriebe:	*Dreizehnganggetriebe*
Hubraum:	*2550 ccm*
Gewicht:	*2270 kg*
Antrieb:	*Hinterradantrieb*

1972

Schlüter Super 1500 TVL

Hersteller:	**Anton Schlüter GmbH, München-Freising**
Ausführung:	**Schlüter Super 1500 TVL**
Gesamtserie:	**328 Stück**

Technische Daten:

Erstes Baujahr:	*1972*
Bauweise:	*Halbrahmenbauweise*
Motorart:	*6-Zylinder/4-Takt*
Höchstgeschwindigkeit:	*23 km/h*
Betriebsstoff:	*Diesel*
Kühlsystem:	*Wasserumlaufkühlung*
Leistung:	*110,3 kW (150 PS)*
Drehzahl:	*2000 U/min*
Getriebe:	*Zwölfganggetriebe*
Hubraum:	*7127 ccm*
Gewicht:	*5475 kg*
Antrieb:	*Allradantrieb (zuschaltbar)*

Neben dem im Jahr 1970 vorgestellten Modell Schlüter Super 2000 TV präsentierte man im gleichen Jahr den 1500 TV als ersten Schlüter-Schlepper mit aufgeladenem Motor. Aus diesem Fahrzeug entstand 1972 der Schlüter Super 1500 TVL. Er unterschied sich duch die höhere Motorleistung und eine zusätzliche Konsole zwischen Vorderachse und Verkleidungsträger.

Beheizbarer Arbeitsplatz

Zwischen 1974 und 1976 wurde der Schlüter Super 1500 TVL mit 150 PS Motorleistung und einem Zwölf oder 16-Gang-Synchron-Gruppenschaltgetriebe der Zahnradfabrik Friedrichshafen mit dem Baumuster T 3406 bzw. T 3450 gebaut. Der neue, selbstverständlich beheizbare Arbeitsplatz des Landwirts in der Super-Silence-Kabine war jetzt schallisoliert und schützte vor Hitze und Staub. Außerdem bot die Fahrerkabine beste Rundumsicht. Der bereits 1970 entwickelte Sechszylinder-Dieselmotor war ein Direkteinspritzer mit Zentralbrennraum, er war mit einem Abgasturbolader ausgerüstet. Dieser gewaltige Schlepper verfügte über eine Fronttriebachse von ZF. Die Hydraulik mit 5600 Kilogramm Hubvermögen war für die Aufgaben dieses Schleppers angemessen dimensioniert.

Der im Jahr 1974 ausgelieferte Deutz D 6806 entsprach bis auf die gesteigerte Motorleistung von 68 PS dem Modell D 6006. Dieses Modell war seit 1972 mit dem Einbau einer dritten Getriebewelle mit zwölf Vorwärts- und vier Rückwärtsgängen angeboten worden.

Deutz-Synchrontriebwerk

Der Vierzylindermotor des Deutz D 6806 verfügte über einen Hubraum von 3768 Kubikzentimetern. Ab 1978 kam das Deutz-Synchrontriebwerk TW 56.10 zum Einbau. Jetzt konnte der Gangwechsel mittels einer Lenkradschaltung erfolgen. Die Zapfwelle wurde mit einem Handhebel gekuppelt. Den Typ D 6806 gab es auch in einer Allradversion mit der Bezeichnung Deutz D 6806 A. In dieser Ausführung wurde noch für kurze Zeit die Fronttriebachse APL 1550 von der Zahradfabrik Friedrichshafen eingebaut, die dann duch die Sige-Allradvorderachse des Baumusters SLE 4171 ersetzt wurde. Der Traktor konnte ab 1976 auch auf Wunsch mit einer allseits geschlossenen Fahrerkabine des dänischen Herstellers Bosal-Sekura bezogen werden. Aber nach wie vor gab es gegen Aufpreis die nachrüstbare Fritzmeier-Verdeckkabine.

Deutz D 6806

Hersteller:	**Klöckner-Humbolt-Deutz AG, Köln-Deutz**
Ausführung:	**Deutz D 6806**
Gesamtserie:	**4200 Stück (alle Ausführungen)**
Technische Daten:	
Erstes Baujahr:	*1974*
Bauweise:	*rahmenlose Blockbauweise*
Motorart:	*4-Zylinder/4-Takt*
Höchstgeschwindigkeit:	*24,3 km/h*
Betriebsstoff:	*Diesel*
Kühlsystem:	*Luft mit Axialgebläse*
Leistung:	*50,1 kW (68 PS)*
Drehzahl:	*2300 U/min*
Getriebe:	*Zwölfganggetriebe*
Hubraum:	*3768 ccm*
Gewicht:	*2760 kg*
Antrieb:	*Hinterradantrieb*

1974

Schlüter Compact 850 V

Hersteller:	**Anton Schlüter GmbH, München-Freising**
Ausführung:	**Schlüter Compact 850 V**
Gesamtserie:	**keine Angabe**
Technische Daten:	
Erstes Baujahr:	*1974*
Bauweise:	*Halbrahmenbauweise*
Motorart:	*4-Zylinder/4-Takt*
Höchstgeschwindigkeit:	*20 km/h*
Betriebsstoff:	*Diesel*
Kühlsystem:	*Wasserumlaufkühlung*
Leistung:	*63 kW (85 PS)*
Drehzahl:	*2100 U/min*
Getriebe:	*Achtganggetriebe*
Hubraum:	*4752 ccm*
Gewicht:	*4700 kg*
Antrieb:	*Allradantrieb (zuschaltbar)*

Die kompakte Bauweise der Compact-850-V-Modelle von Schlüter machte diese Fahrzeuge wendig und leichtgängig für den Fahrer, der auch auf kleinen Feldflächen mit kürzeren Vorgewenden oder mit dem Frontlader bei der Stallarbeit seine Arbeit verrichten musste. Auch der günstige Preis machte ihn zu einem begehrten Objekt, denn er lag erheblich unter der Preisklasse seiner Mitbewerber.

Kippbare Großraumkabine

Der Compakt 850 V hatte bereits einen Vierzylinder-Schlüter-Dieselmotor mit 4,8 Litern Hubraum. Die größte Hubkraft an zwei Koppelpunkten betrug 3600 Kilogramm und mit zwei Zusatzzylindern 4500 Kilogramm. Der kleinste Wendekreis des 805 V betrug circa 4300 Millimeter und seine Bodenfreiheit mit 460 Millimetern erlaubte auch bei unebenem Gelände gute Fahreigenschaften. Sein großzügig bemessener Kraftstofftank mit 156 Litern Inhalt war nötig, da der Spritverbrauch in den 1970er-Jahren noch nicht sparsam dosiert war. Mit dem serienmäßig gelieferten Zubehör wie der hydraulisch kippbaren Super-Silence-Großraumkabine mit zwei abschließbaren Schiebetüren sowie Fuß- und Raumheizung, bot der Schlepper allen Komfort.

Ab dem Jahr 1976 knüpfte Fendt aus Marktoberdorf mit der neuen LS-600er-Baureihe an die Erfolge der beliebten Vorgänger-Großtraktorenbaureihe an. Im Jahr 1977 erreichte Fendt in der Klasse über 100 PS sogar den ersten Platz bei den Verkaufszahlen. Im Jahr 1978 rollte dann zum 50-jährigen Bestehen der Firma Fendt der 350.000ste Schlepper vom Band. Der Fendt Favorit 611 LS/LSA wurde von 1976 bis 1993 insgesamt 8501-mal gebaut.

Der Allrad-Favorit

Der Favorit LD 611 verfügte beim Serienstart über eine Leistung von 105 PS. Anfang der 1980er-Jahre stieg die Leistung dann auf 115 PS an. Als im Jahr 1988 der neue 6,24-Liter-Deutz-Sechszylinder-Dieselmotor mit Direkteinspritzung verfügbar war, konnte die Leistung sogar auf 125 PS angehoben werden. Auch die neu gestaltete LS-Fahrerkabine war mit einem luftgefederten Fahrersitz, Klimaanlage, einer besseren Anordnung der Bedienhebel und mit einer Geräuschdämpfung optimal ausgestattet. Die Zapfwelle, das Differenzial und der Allradantrieb konnten nun mittels Pneumatik in jeder erdenklichen Situation ein- oder ausgeschaltet werden.

Fendt Favorit 611 LA

Hersteller:	**Fendt und Co., Marktoberdorf**
Ausführung:	**Fendt Favorit 611 LS**
Gesamtserie:	**8501 Stück**
Technische Daten:	
Erstes Baujahr:	*1976*
Bauweise:	*rahmenlose Blockbauweise*
Motorart:	*6-Zylinder/4-Takt*
Höchstgeschwindigkeit:	*30 km/h*
Betriebsstoff:	*Diesel*
Kühlsystem:	*Umlaufkühlung mit Wasserpumpe*
Leistung:	*77 kW (105 PS)*
Drehzahl:	*2300 U/min*
Getriebe:	*Vollsynchron-Feinstufen-Getriebe, 24 Gänge*
Hubraum:	*6240 ccm*
Gewicht:	*5510 kg*
Antrieb:	*Allradantrieb*

1976

John Deere 4230

Hersteller:	**John Deere Lanz Werke, Mannheim**
Ausführung:	**John Deere 4230**
Gesamtserie:	**keine Angabe**
Technische Daten:	
Erstes Baujahr:	*1976*
Bauweise:	*rahmenlose Blockbauweise*
Motorart:	*6-Zylinder/4-Takt*
Höchstgeschwindigkeit:	*29 km/h*
Betriebsstoff:	*Diesel*
Kühlsystem:	*Wasserumlaufkühlung*
Leistung:	*87 kW (118 PS)*
Drehzahl:	*2100 U/min*
Getriebe:	*Sechzehnganggetriebe*
Hubraum:	*6620 ccm*
Gewicht:	*5190 kg*
Antrieb:	*Allradantrieb*

Ab 1976 wurden die John-Deere-Modelle 4230 und 4430 für Europa auf einem neu eingerichteten Montageband in Mannheim gefertigt. Viele der Komponenten kamen jedoch aus dem John-Deere-Werk in Waterloo.

Schutz durch Überschlagrahmen

Der John Deere 4230 wird ab dem Jahr 1976 auch als Allrad-Traktor angeboten. Das Drehmoment wird auch in diesem Jahr von 407 auf 425 Nm erhöht. Der Sechszylindermotor hat einen Hubraum von 6,6 Litern und der Schlepper verfügt über einen Kraftstofftank mit 140 Litern. Eine Sicherheitskabine bietet den nötigen Schutz durch einen Überschlagrahmen sowie durch eine Geräuschdämmung. Der hydrostatische Frontantrieb (HFWD) hat eine hydrostatische Lenkung und der Wendekreis ohne Lenkbremse beträgt im Durchmesser 8800 Millimeter. Seine Bodenfreiheit von 540 Millimetern ist ausreichend für den landwirtschaftlichen Betrieb. Mit der Bereifung 12.4 R24 vorne und 18.4 R38 hinten bringt er seine große Kraft auf den Boden. Sein Eigengewicht liegt bei 5540 Kilogramm und das Gesamtgewicht beträgt 7500 Kilogramm. Das John-Deere-Modell 4230 verfügt über eine ölgekühlte, hydraulische Perma-Kupplung.

2000

Landwirtschaftliche Betriebe haben ihre individuellen Schwerpunkte. Aber ganz gleich, ob im Ackerbau, bei der Veredelung oder auf dem Grünland – jeder Betrieb stellt die gleichen Anforderungen an einen modernen Traktor: Wirtschaftlichkeit, Vielseitigkeit, Flexibilität, Wendigkeit, kompakte Abmessungen und nicht zuletzt eine auf ihre Belange abgestimmte Ausstattung. Gleichzeitig wollen sie auf Komfort und maximale Ergonomie nicht verzichten.

Einzigartiges Kabinenkonzept

Die Kabine des Agrotron K bietet dem Fahrer eine hervorragende Rundumsicht und für einen kompakten Traktor eine enorme Bewegungsfreiheit. Entspanntes und produktives Arbeiten ist durch ergonomische Bedienelemente und ein exzellentes Kabinenklima garantiert. Der elektronisch geregelte DEUTZ-Motor überzeugt durch Wirtschaftlichkeit und Leistungsstärke. Der breite Drehmoment- und Konstantleistungsbereich sichert eine elastische, kraftstoffsparende Leistungsentfaltung in allen Lastzuständen. Ein zuverlässiges, leicht zu schaltendes Dreifach-Lastschaltgetriebe mit elektrohydraulischer Komfortkupplung und PowerShuttle bieten gut abgestufte Geschwindigkeiten.

Deutz-Fahr Agrotron K 100

Hersteller:	**Same Deutz-Fahr Deutschland, Lauingen**
Ausführung:	**Deutz-Fahr Agrotron K 100**
Gesamtserie:	**keine Angabe**
Technische Daten:	
Erstes Baujahr:	*2000*
Bauweise:	*rahmenlose Blockbauweise*
Motorart:	*4-Zylinder/4-Takt*
Höchstgeschwindigkeit:	*50 km/h*
Betriebsstoff:	*Diesel*
Kühlsystem:	*Wasserumlaufkühlung*
Leistung:	*69,8 kW (95 PS)*
Drehzahl:	*2300 ccm*
Getriebe:	*36-Gang-Getriebe*
Hubraum:	*3192 ccm*
Gewicht:	*4220 kg*
Antrieb:	*Allradantrieb*

2006

Neben Komfort erlauben die Systeme des 936 Vario durch die noch höhere Fahrstabilität und ein gesteigertes Bremsvermögen die Höchstgeschwindigkeit von 60 Stundenkilometern. Ein weiterer Vorteil sind die zulässigen höheren Gesamtgewichte und die damit höhere Zuladung. Ganz gleich, ob der Großtraktor mehr im Feld oder überwiegend beim Transport eingesetzt wird – in jedem Fall ist man heute auf eine überragende Gesamtwirtschaftlichkeit angewiesen. Beim 936 bilden der sparsame Motor und der effiziente Antriebsstrang eine perfekte Einheit.

Höchster Komfort

Der Fendt 936 Vario ist serienmäßig mit der Zwei-Kreis-Bremsanlage FBS2 und der Fendt Stability Control FSC, einem Meilenstein in puncto Fahrsicherheit, ausgerüstet. Der Vierventilmotor mit 7,14 Litern Hubraum hat eine Nennleistung von 330 PS sowie ein Common-Rail-Hochdruckeinspritzsystem. Er verfügt über die elektronische Motorregelung EDC 7, die elektronische Lüftersteuerung Visctronic sowie 660 Liter Tankvolumen für lange Arbeitstage. Eine Fünfpfostenkabine mit 5,5 Quadratmetern Glasfläche erweitert den Sichtkeis. Für den Fahrkomfort sorgt eine integrierte Klimaautomatik.

Fendt 936 Vario

Hersteller:	**AGCO GmbH, Marktoberdorf**
Ausführung:	**Fendt 936 Vario**
Gesamtserie:	**keine Angabe**
Technische Daten:	
Erstes Baujahr:	*2009*
Bauweise:	*keine Angabe*
Motorart:	*6-Zylinder/4-Takt*
Höchstgeschwindigkeit:	*60 km/h*
Betriebsstoff:	*Diesel*
Kühlsystem:	*Wasserkühlung*
Leistung:	*243 kW (330 PS)*
Drehzahl:	*1900 U/min*
Getriebe:	*Variogetriebe, stufenlos*
Hubraum:	*7142 ccm*
Gewicht:	*10.360 kg*
Antrieb:	*Allradantrieb*